U0102532

从入门到精通！
棒针编织必备工具书！

超详解棒针编织基础

日本靓丽社　编著

张艳辉　译

韩金燕　审定

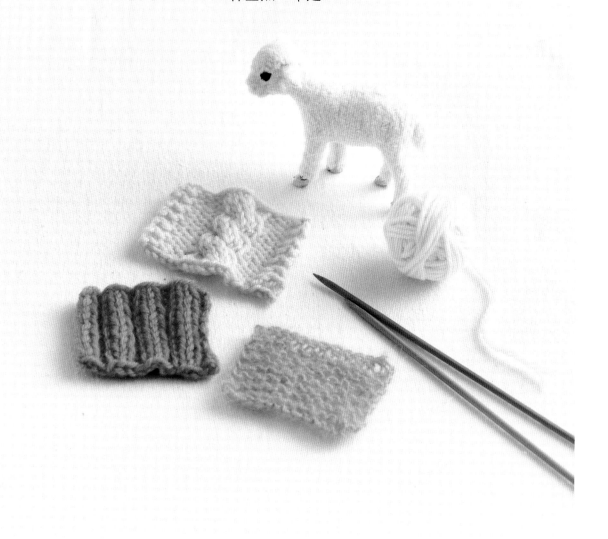

河南科学技术出版社
·郑州·

目　录

第 4 章

收尾处理 85

第 5 章

编织作品

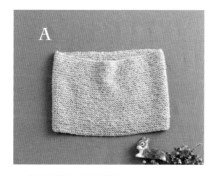

起伏针编织的围脖

114

B 桂花针编织的暖腿套

115

C 费尔岛花样的暖手套

116

D 叶片花样的围巾

117

E-2 E-1 罗纹针编织的帽子

118

F 阿兰花样的围巾

119

G 麻花花样的背心

120

H 根西花样的背心

121

I 北欧风配色花样的荷包

122

第1章 准备篇

在动手编织前，先准备好所需工具及线材。

本章中，介绍棒针编织常用的工具、线材的种类和使用方法等。

关于工具

介绍棒针编织所需的棒针以及其他方便工具。

在了解每种工具具体用途的前提下，根据需要进行选购。

● 棒针种类

根据编织物品的大小及形状，选择合适的棒针。

并且，棒针长度、环形针的软线长度等种类较多，可根据织片的宽度及针数，选择合适的。

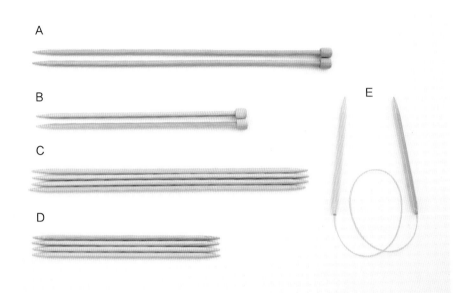

A

B

C

D

E

A、B. 带堵头的2根针组

针的一端带有堵头，可防止编织过程中针目滑落。用于往返编织。

C、D. 4根针组

针的两端均为尖头，两端均可编织。用于环形编织。

E. 环形针

用尼龙线等将两根短棒针连接在一起，环形编织时使用。

● 棒针粗细

棒针粗细分为0~15号，7~25mm。号数越大，棒针越粗。

根据线材的粗细及形状，选择合适粗细的棒针。

※ 图为实物粗细。

号数	棒针粗细		号数	棒针粗细		号数	棒针粗细
0	2.1mm		7	4.2mm		14	6.3mm
1	2.4mm		8	4.5mm		15	6.6mm
2	2.7mm		9	4.8mm		特大号 7mm	7.0mm
3	3.0mm		10	5.1mm		特大号 8mm	8.0mm
4	3.3mm		11	5.4mm		特大号 10mm	10.0mm
5	3.6mm		12	5.7mm			
6	3.9mm		13	6.0mm			

● 其他便利工具

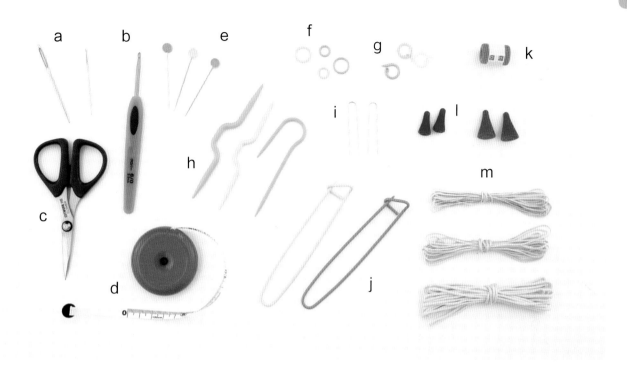

a. 毛线缝针

毛线专用针，针尖圆钝，针鼻儿也比普通缝针大。用于织物的缝合、接合以及线头处理等。

b. 钩针

头部呈钩子状的针。用于起针、缝合、接合以及连接穗饰等。

c. 线剪

用于剪断编织线等。

d. 卷尺

用于测量织片的尺寸及编织密度。

e. 编织专用定位针

针体较长、针头圆钝的编织专用定位针。
需要将织物固定在一起时使用。

f. 针数环

在编入花样位置、环形编织的行起点等处，将其挂在针目上，作为标记。

g. 行数环

挂于针目，作为计算行数的标记。

h. 麻花针

用于编织花样中的交叉针目。
也有 U 形麻花针。

i. U 形别针

用于将织片固定于熨烫台上。
其特点是针头弯曲，方便熨烫。

j. 防脱别针

编织终点的针目保留原有状态下休针时，将针目从棒针上移下时使用。

k. 转动计数器

编织时用于记录针数、行数。可穿入棒针中。

l. 棒针帽

编织过程中休针时套在棒针的针尖，防止针目滑落。

m. 起头线

编织完成后需要解开起针时，作为另线使用。不易缠绕的材质，挑针、拆下均顺畅。

关于线材

用于编织的线材有各种各样的材质、形态、粗细等。
只需改变所用线材，相同款式的作品也能呈现截然不同的风格。

● 线团种类

线材总是被绕成各种形状售卖。以下介绍两种具有代表性的形状。

A. 筒状线团

最常见的形状。
从内侧拉出线头使用。

B. 甜甜圈状线团

这种形状多用于柔软线材。
揭下标签之后使用。

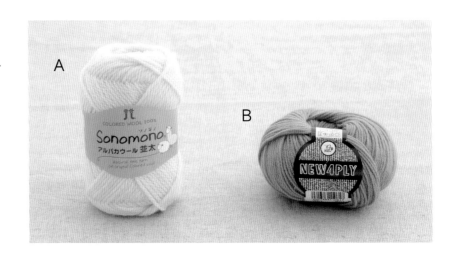

● 线材标签的看法

线材标签中记录了各种信息。识别其中必要的信息，作为选择线材的参考。
另外，保存好标签，方便之后补线。

标示线材的材质。根据材质不同，可分为夏季线和冬季线。

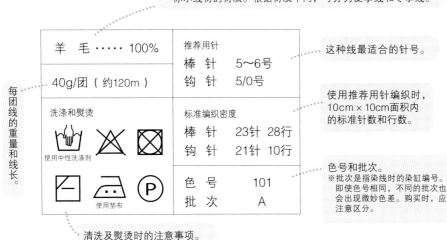

羊　毛 ····· 100%	推荐用针
40g/团（约120m）	棒　针　5～6号 钩　针　5/0号
洗涤和熨烫 使用中性洗涤剂	标准编织密度 棒　针　23针　28行 钩　针　21针　10行
	色　号　101 批　次　A

每团线的重量和线长。

这种线最适合的针号。

使用推荐用针编织时，10cm×10cm面积内的标准针数和行数。

色号和批次
※批次是指染线时的染缸编号。即使色号相同，不同的批次也会出现微妙色差。购买时，应注意区分。

清洗及熨烫时的注意事项。

棉、麻等毛线主要作为夏季线使用。

羊毛、羊驼绒、安哥拉兔毛等毛线主要作为冬季线使用。

使用中性洗涤剂
水温上限40℃，可手洗（使用中性洗涤剂）

禁止使用氯系及氧系漂白剂

禁止滚筒干燥

在阴凉处平摊晾干

使用垫布
熨斗底板温度上限150℃

可使用四氯乙烯及石油类溶剂干洗

● 线材粗细

线材越细，编织出的针目越细密，织物也越薄。相反，线材越粗，编织出的针目越粗大，织物也越厚。

※ 此处介绍的是大致的线材粗细。实际上，按照这种标示售卖的线材并不多。
　　并且，不同厂家之间也存在细微差异。选择线材时，以线材标签中标示的适用针粗细为准。

中细（2～4 号针）

粗（4～5 号针）

中粗（5～8 号针）

极粗（9～15 号针）

超级粗（15 号针至特大号针）

※ 图片为实物粗细。

● 线材形态

线材的捻线方法及材质多样。线的形态不同，织片质感也会有所差异。

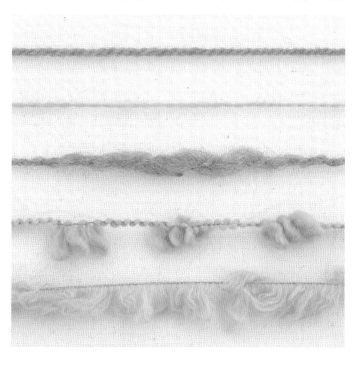

平直毛线

捻合方法及粗细一定，针目整齐。有多种粗细，颜色丰富，适合细腻的编织花样、配色花样等。

马海毛线

毛纤维较长，可形成松软的织片。

竹节花式纱线

线材粗细有差异。针目大小不一，适合富于变化的织片。

圈圈线

线材表面带有不规则的线圈，针法形状不显眼，可形成接近布料质感的织片。

仿皮草线

毛纤维较长，织物呈现毛皮质感。

● **线头取出方法**

编织开始时如果使用外侧线头，每次拉线就会带动线团转动，影响编织。所以，通常从内侧取出线头。

| 筒状线团 | 甜甜圈状线团 |

1　手指插入线团中。

1　首先揭下标签。

2　捏住线团中的线头，取出。如果找不到线头，如图所示可取出里面的小线团。

2　手指插入线团中。

3　从取出的小线团中找出线头，用此线头即可。

3　捏住线头，取出。

第2章 编织前需要掌握的知识

本章中，汇总了编织前需要掌握的知识。

对编织书中常用的术语，以及制图和编织方法图等，进行浅显易懂的说明。

实际动手编织之前，务必仔细阅读。

关于织片

下面使用基础样片，对各部分的名称及针目进行详细介绍。

● 织片各部分名称

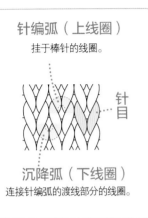

针编弧（上线圈）
挂于棒针的线圈。

针目

沉降弧（下线圈）
连接针编弧的渡线部分的线圈。

收针
将编织终点的针目从编针上松开之后的终止部分（图中为伏针收针）。根据作品不同，可衍生出许多收针方法（参照p.86~93）。

织片
许多针目集合而成的面。

起针
在编织起点制作针目的部分（图中为基本起针）。根据作品不同，可衍生出许多起针方法（参照p.25~45）。

● 1针和1行的定义

为了正确计算针数和行数，应牢记针目的1针和1行的形态。

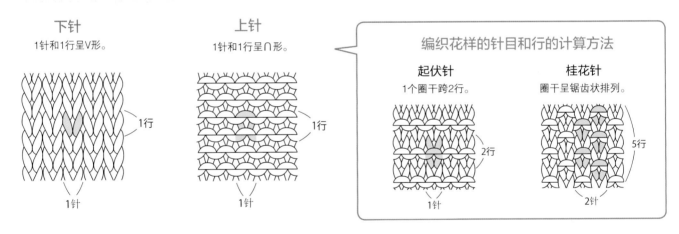

下针
1针和1行呈V形。

1行

1针

上针
1针和1行呈∩形。

1行

1针

编织花样的针目和行的计算方法

起伏针
1个圈干跨2行。

2行

1针

桂花针
圈干呈锯齿状排列。

5行

2针

依据编织密度推算出针数及行数的方法

例如…　　测量编织密度之后，通过简单计算公式就能推算出尺寸对应的针数及行数。

10cm×10cm面积内的编织密度为15针 20行，尝试推算出25cm×25cm面积内的针数及行数吧。

【针数】　　15针：10cm　→　1.5针：1cm
　　　　　　25cm × 1.5针 = 37.5 → 38针

【行数】　　20行：10cm　→　2行：1cm
　　　　　　25cm × 2行 = 50 → 50行

编织密度
（10cm×10cm面积内）
15针 20行

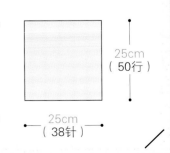

25cm
（50行）

25cm
（38针）

关于编织密度

编织密度表示 10cm×10cm 面积内的针数和行数。

不同手劲儿编织出的编织密度会有差异，即便使用指定的线和编针，也未必能够达到相同尺寸。

需要按指定尺寸编织时，必须制作样片测量编织密度，调节编针粗细以与标准编织密度吻合。

● 编织密度测量方法

> **要点**
>
> 织片边缘附近的针目大小不规则，所以稍微编大一些（边长15～20cm）。织片有这样的特点，横向长度更长时容易横向拉伸，纵向长度更长时容易纵向拉伸。所以，测量编织密度的关键是织片尽可能编织成接近正方形的形状。

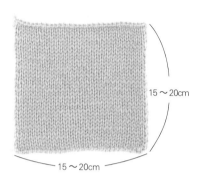

1　按照作品相同的编织方法，制作边长15～20cm的样片，并用蒸汽熨斗熨烫平整。

针 数　　　　　行 数

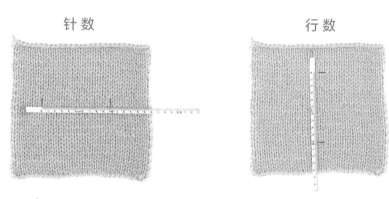

> **要点**
>
> 用蒸汽熨斗熨烫使针目整齐，测量织片中央针目规则部分。但是，严格来说，编织密度并不一定。必须粗测量2~3处，取其平均值。

2　将织片放在平整桌面上，计算中央10cm×10cm面积内的针数和行数。

不符合指定编织密度时

调节编针的号数，尽可能接近指定编织密度。

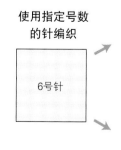

使用指定号数的针编织		
6号针	编织密度 **过松**（比指定编织密度的针数及行数少）	4～5号针 → 选择 **细1～2号** 的针重新编织。
	编织密度 **过紧**（比指定编织密度的针数及行数多）	7～8号针 → 选择 **粗1～2号** 的针重新编织。

※对于初学者来说，即使按编织密度编织，中途也会出现偏差。所以，编织过程中应时常测量编织密度。

※最初的几行无法准确测量编织密度。依据织片的特性，从编织第2~3行开始宽度逐渐增加。所以，必须在编织15cm以上行数之后测量编织密度。

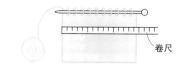

卷尺

往返编织和环形编织

逐行交替从织片的正面和反面编织的方法就是"往返编织"，
只看着织片一面编织的方法就是"环形编织"。

● 往返编织

使用2根棒针编织

逐行将织片翻面，交替从正面和反面进行编织。
从正面编织的行按符号图编织，从反面编织的行按符号图相反方法编织。

编织符号图

编织符号顺序

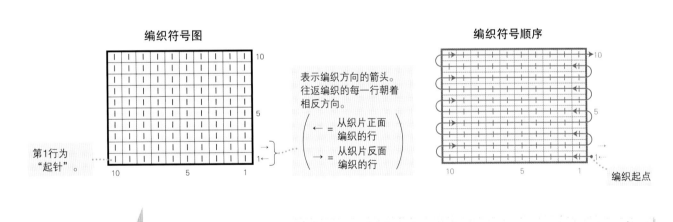

第1行为
"起针"。

表示编织方向的箭头。
往返编织的每一行朝着
相反方向。

$$\left(\begin{array}{l}\longleftarrow = \text{从织片正面} \\ \qquad\quad\text{编织的行} \\ \longrightarrow = \text{从织片反面} \\ \qquad\quad\text{编织的行}\end{array}\right)$$

编织起点

编织方法图均为 [I]（下针）的符号。
但是，偶数行为从反面编织的行，
所以按照同符号相反的 [－]（上针）
编织。

下针和上针

按下针编织的针目，从反面看
就成了上针。
按上针编织的针目，从反面看
就成了下针。

下针

上针

● 环形编织

使用 4 根针组（5 根针组）编织

编织方法图中表示方向的箭头，每行均朝着相同方向。
始终只看着一面编织，顺着编织方法图的符号编织即可。
此外，胁部不需要缝合，简单易处理。

编织符号图

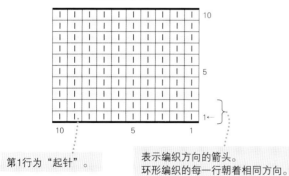

第 1 行为 "起针"。

表示编织方向的箭头。
环形编织的每一行朝着相同方向。

编织符号顺序

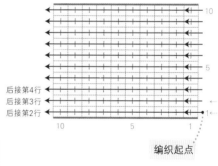

后接第 4 行
后接第 3 行
后接第 2 行

编织起点

使用环形针编织

除了 4 根针组（5 根针组）以外，还有使用环形针编
织的方法。环形针按长度分类，可根据作品尺寸选择
合适长度类型。选择比成品尺寸稍短的环形针，更易
于编织，且织片整齐。

常用织片

下面对使用棒针编织的基础针法，即下针和上针编织而成的织片进行说明。

只需改变下针和上针的组合，就能制作出风格各异的织片。

● 下针编织

编织符号图　　　　　　实际编织方法

棒针编织的最基本织片，如果从正面看，均为下针。

往返编织时，逐行交替编织下针和上针。环形编织时，持续编织下针。

织片具有左右边缘卷向反面，上下边缘卷向正面的特性。

● 上针编织

编织符号图　　　　　　实际编织方法

从反面看下针编织的织片，均为上针。

往返编织时，同下针编织一样，逐行交替编织上针和下针。

环形编织时，持续编织上针。

● 起伏针

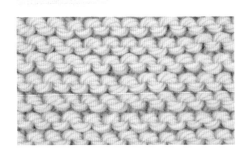

编织符号图　　　　　　实际编织方法

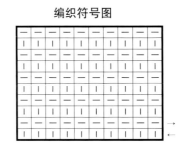

如果从正面看，呈现逐行交替编织下针和上针的织片。

往返编织时，每行编织下针。无正反面区分，织片平整均匀。

对比下针编织，具有纵向收缩、横向拉伸的特性。

要点

往返编织时，如果是从反面编织的行，则按照编织方法图中符号相反方法编织。

● 单罗纹针

编织符号图　　　实际编织方法

逐针交替编织下针和上针的织片。也是一种横向具有伸缩性的织片。

● 双罗纹针

编织符号图　　　实际编织方法

每2针交替编织下针和上针的织片。也是一种横向具有伸缩性的织片。

● 桂花针

编织符号图　　　实际编织方法

按指定的针数及行数交替编织下针和上针，是具有凹凸质感的织片。
（图中织片为逐针逐行交替编织）
无正反面区分，织片平整均匀。

制图和编织方法图

编织图分为两种："制图"和"编织方法图"。

制图是一种通过数字表示尺寸、针数、行数的图。

编织方法图是一种将1针视为1格的方格图，通过符号表示从正面看到的状态。

● 制图使用方法（衣服）

注意

书中表示长度且未注明单位的数字均以厘米（cm）为单位。

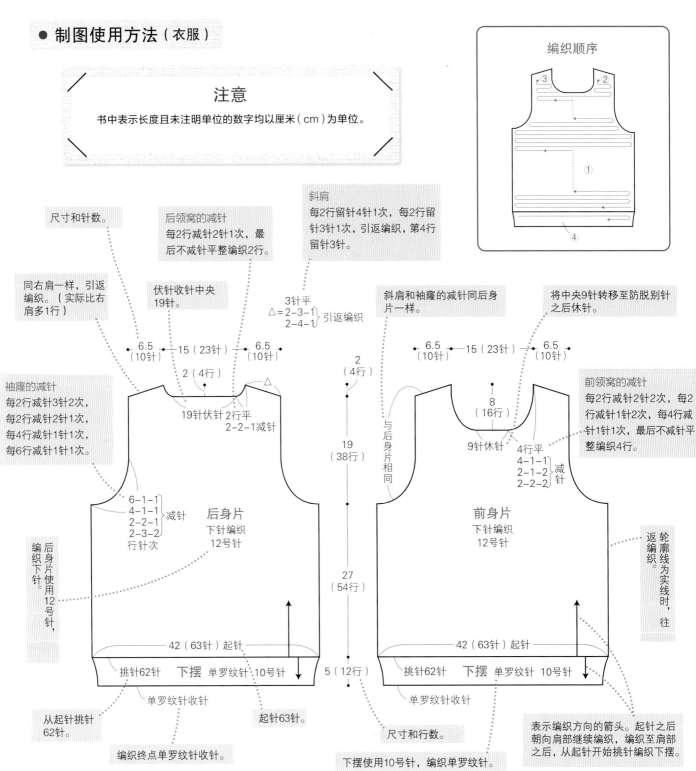

编织顺序

斜肩
每2行留针4针1次，每2行留针3针1次，引返编织，第4行留针3针。

后领窝的减针
每2行减针2针1次，最后不减针平整编织2行。

尺寸和针数。

同右肩一样，引返编织。（实际比右肩多1行）

伏针收针中央19针。

斜肩和袖窿的减针同后身片一样。

将中央9针转移至防脱别针之后休针。

3针平
△=2-3-1
2-4-1 引返编织

前领窝的减针
每2行减针2针2次，每2行减针1针2次，每4行减针1针1次，最后不减针平整编织4行。

• 6.5 • 15（23针）• 6.5 •
（10针）   （10针）

• 6.5 • 15（23针）• 6.5 •
（10针）   （10针）

2（4行）

2（4行）

袖窿的减针
每2行减针3针2次，每2行减针2针1次，每4行减针1针1次，每6行减针1针1次。

19针伏针2行平
2-2-1减针

8
（16行）

9针休针

4行平
4-1-1
2-1-2 减针
2-2-2

19
（38行）

与后身片相同

6-1-1
4-1-1 减针
2-2-1
2-3-2
行针次

后身片
下针编织
12号针

前身片
下针编织
12号针

编织下针。后身片使用12号针，

轮廓线为实线时，往返编织。

27
（54行）

42（63针）起针

42（63针）起针

挑针62针 下摆 单罗纹针 10号针

挑针62针 下摆 单罗纹针 10号针

5（12行）

从起针挑针62针。

单罗纹针收针

起针63针。

单罗纹针收针

尺寸和行数。

表示编织方向的箭头。起针之后朝向肩部继续编织，编织至肩部之后，从起针开始挑针编织下摆。

编织终点单罗纹针收针。

下摆使用10号针，编织单罗纹针。

● 编织方法图使用方法（衣服）

编织方法图中，全部为从正面看着织片时的符号。如果是从反面编织的行，实际上按照编织方法图中符号相反方法编织。

不含符号的位置按下针编织。

□ = I 下针

后领窝的编织方法图

前身片与后身片只有领窝不同，领窝以下部分与前身片的编织方法相同。

前身片的编织方法图

领窝起点也是左右错开1行。

引返编织斜肩。最终行"消行"（参照p.64～67）。

左侧的引返编织从右侧后方1行开始，所以左侧多1行。

伏针收针只能在行的编织起点完成，所以左右袖隆的减针错开1行。

表示行数。

表示针目走向的箭头。往返编织。

$\left(\leftarrow = \begin{array}{l}\text{从织片正面编织}\\\text{的行}\end{array} \right.$

$\left(\rightarrow = \begin{array}{l}\text{从织片反面编织}\\\text{的行}\end{array} \right.$

从起针相反方向挑针之后错开半针。

表示针数。

下摆的编织方法

表示编织行的方向。编织下摆时解开起针的锁针之后挑针，按身片相反方向编织。

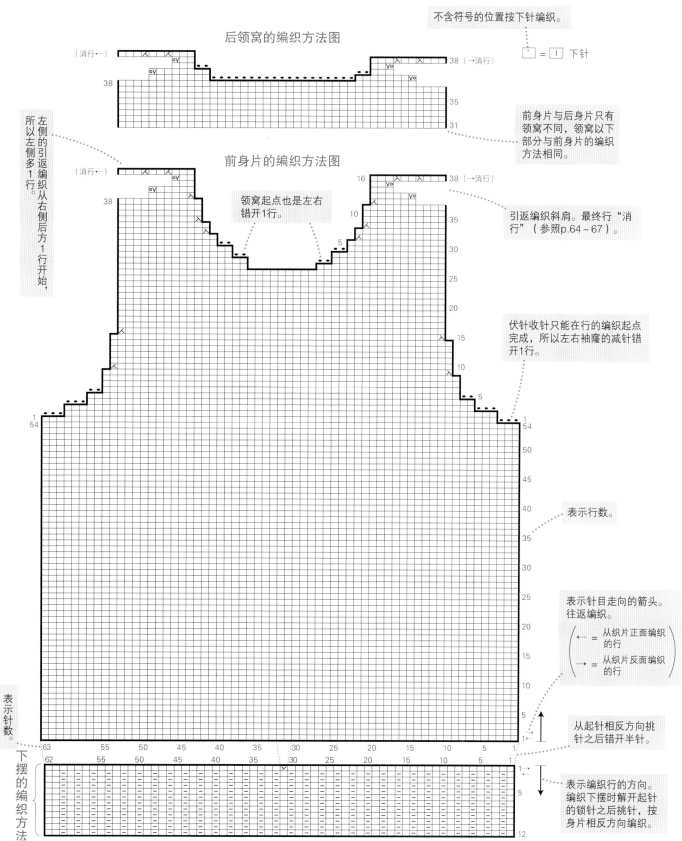

● 制图使用方法（小物）

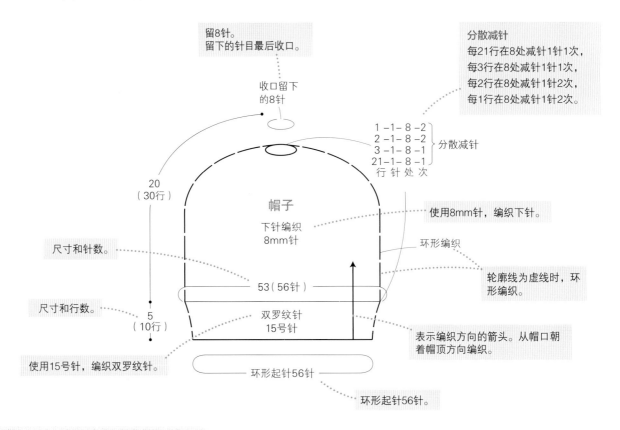

留8针。
留下的针目最后收口。

收口留下
的8针

分散减针
每21行在8处减针1针1次，
每3行在8处减针1针1次，
每2行在8处减针1针2次，
每1行在8处减针1针2次。

1	-1-	8	-2	
2	-1-	8	-2	分散减针
3	-1-	8	-1	
21	-1-	8	-1	
行	针	处	次	

20
（30行）

帽子

下针编织
8mm针

使用8mm针，编织下针。

尺寸和针数。

环形编织

轮廓线为虚线时，环
形编织。

53（56针）

尺寸和行数。

5
（10行）

双罗纹针
15号针

表示编织方向的箭头。从帽口朝
着帽顶方向编织。

使用15号针，编织双罗纹针。

环形起针56针

环形起针56针。

● 编织方法图使用方法（小物）

不含符号的位置按下针
编织。

如果是分散减针，编织方
法图上会出现没有针目的
位置。但是，实际是连续
编织。

□ = | 下针

帽子的编织方法图

连续编织

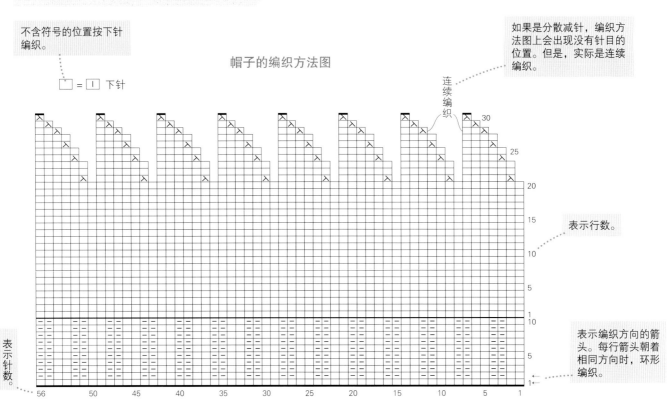

30

25

20

15

表示行数。

10

5

表示针数。

表示编织方向的箭
头。每行箭头朝着
相同方向时，环形
编织。

1

56　50　45　40　35　30　25　20　15　10　5　1

第 3 章　开始编织

准备工作完成之后，正式开始编织吧！

本章中，对编针和线的拿法、编织起点针目的起针方法、针目的减针
方法及加针方法等实际编织作品过程中的必要技巧进行介绍。

挂线的方法和棒针的拿法

起针之后，注意编织针目时的编织线和棒针的拿法。

棒针编织，分为"法式"和"美式"。

本书中，对法式编织方法进行介绍。

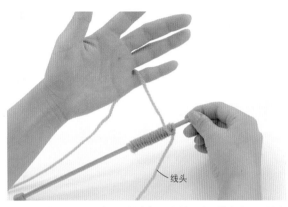

1　将已挂上针目的棒针的针尖朝向右侧，编织线夹在左手的小指和无名指之间。

线头

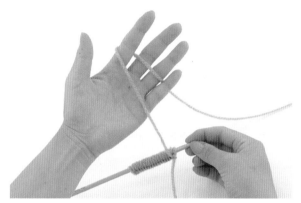

2　将线穿过无名指和中指的内侧，挂在食指上。

3　左手的食指保持立起，其他手指拿住棒针。右手拿住另一根棒针，用此针编织。

4　控制好节奏编织，使挂在左手的编织线顺畅传送。

美式编织方法

将编织线挂于右手的食指进行编织的方法。

手暂时离开右棒针，转动右手将线挂于针上。所以，它比法式编织方法稍微花点时间，且针目容易偏紧。但是，由于针目大小规则，所以能够编织出较为整齐的织片。

起针

开始编织时，在棒针上制作最下方一列线圈（织片基底）的操作称为"起针"。

也就是说，通过这种操作挂于棒针的线圈就是"起针"。

起针分为有伸缩性的、无伸缩性的、之后可解开的等，以满足各种织片及编织方法。

● 基本起针

棒针编织的基本起针。

具有适度的伸缩性，可用于下针编织、起伏针、罗纹针等各种织片。

1　从线团中取出线头。

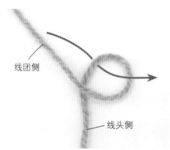

线团侧

线头侧

2　距离线头 3.5 ~ 4 倍编织宽度的位置扭转 1 圈制作线环，如箭头所示从线环中拉出线。

3　已拉出状态。如箭头所示，将线头拉出收紧。

4　已收紧状态。将 2 根棒针对齐，插入线环中。

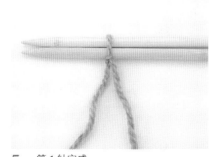

5　第 1 针完成。

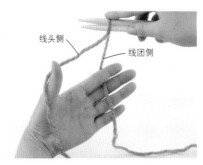

线头侧　线团侧

6　右手拿棒针，线团侧的线挂于左手的食指，线头侧的线挂于拇指。

7 其余手指紧紧握住 2 根线。右手的食指
压住第 1 针。

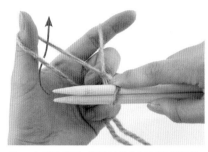

8 如箭头所示,用棒针挑起挂于拇指的线。

9 如箭头所示,用针挑起挂于食指的线之
后,插入挂于拇指的线环中,拉出棒针。

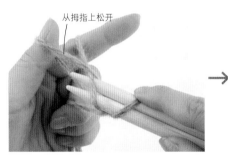

从拇指上松开

10 已拉出状态。松开挂于拇指的线。

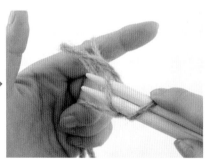

11 再次将线头侧的线挂于拇指,如箭头
所示用拇指收紧。第 2 针完成。

12 重复步骤 8 ~ 11,制作必要针
数。

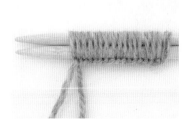

13 制作完成 17 针的状态。

14 制作必要针数之后,抽出 1 根棒针。基本起针完成,
此起针计为第 1 行。

● 另线锁针起针

从另线松弛编织的锁针的里山，用棒针拉出的编织线的线圈就是起针。
另线的锁针适合在编织结束之后解开处理线圈，或者挑针沿着相反方向编织。

1　使用钩针，编织比必要针数多5针的锁针。

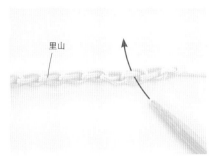

2　如箭头所示，将棒针插入锁针的里山。

3　在已插入里山的棒针上挂线，如箭头所示拉出。

4　拉出之后，完成1针。

5　挑起必要针数，另线锁针起针完成。挂于棒针的针目计为第1行。

锁针起针

1　钩针抵住线的外侧，如箭头所示转动钩针制作线环。

2　用左手捏住线环底部，如箭头所示转动钩针挂线。

3　如箭头所示，将挂于钩针的线拉出。

4　拉动线头侧，收紧最初的线环。

5　将挂于钩针的线拉出。

6　第1针完成。重复步骤5。

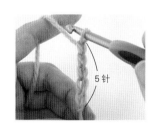

7　编织完成5针锁针的状态。
※挂于钩针的线环不计为1针。

解开另线锁针之后挑针的方法

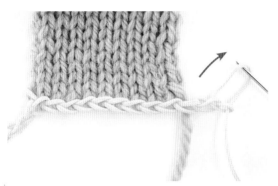

1　如箭头所示，将另线编织锁针的最后针目的线拉出之后解开。

2　轻轻解开1针锁针，如箭头所示将针目移至棒针。

3　将棒针插入下一个针目，解开1针锁针。

4　同样挑针，将另线锁针全部解开之后，另线挂于边缘的线圈中。

5　将此线转动1圈，如箭头所示插入棒针，挑起最后的针目。

6　所有针目已挑针完成的状态。

● 共线锁针起针

从共线编织的锁针的里山，用棒针拉出线。锁针不解开，保留作为织片边缘。

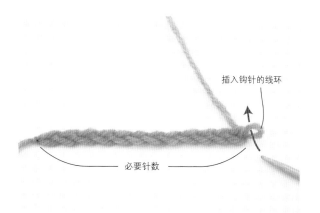

插入钩针的线环

必要针数

1 使用钩针，共线编织必要针数的锁针，将插入钩针的线环
移至棒针。

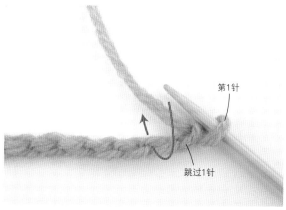

第1针

跳过1针

2 移至棒针的线环成为第1针。跳过1针锁针，如箭头所示
将棒针插入第2针的里山，挂线。

3 如箭头所示，拉出线。

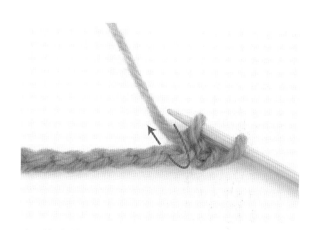

4 第2针挑针完成。如箭头所示将棒针插入下一个针目的里山，
挂线后拉出。

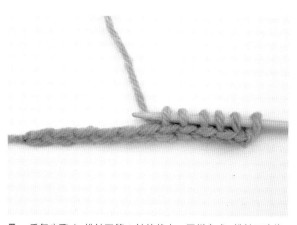

5 重复步骤4，挑针至第6针的状态。同样方式，挑针至边缘。
此行计为第1行。

起针的锁针

6 编织至第6行的状态。起针的锁针排列于织片下方边缘。

● 环形起针方法

环形编织的起针方法。以基本起针为例进行说明，另线锁针起针也按照相同方法制作成环形。

使用4根针组编织

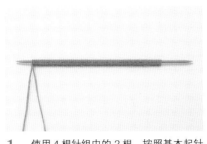

1　使用4根针组中的2根，按照基本起针法制作必要针数（参照p.25）。

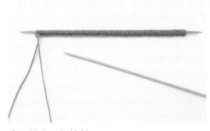

2　抽出1根棒针。

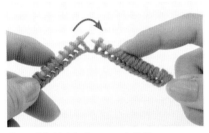

3　将起针均匀分配至3根棒针。

注意不要扭动

使用5根针组时，按同样方法分配至4根棒针。

4

已分配至3根棒针。此起针计为第1行。

5　如图所示，拿起3根棒针。

6　手翻面，使线头靠近右侧。

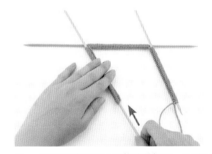

7　注意在避免针目滑落的前提下，移动左右棒针，使针目聚集于针尖，方便下一行顺利开始编织。

8　接着编织第2行时，制作成环形。注意避免扭动各棒针之间针目的同时，左手拿起已挂上针目的棒针，右手拿起第4根棒针。

9　同第1行（起针行）的最后针目之间尽可能不留间隙，在将线稍稍收紧的状态下编织第2行的第1针。

10　第1针编织完成。

  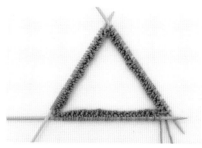

11 注意避免第1针松动的同时编织第2针，第3针之后按编织方法图继续编织。

12 在换针的位置编织时，注意避免针目松脱。

13 第2行编织完成的状态。

要点

棒针和棒针交界的针目容易松动。所以，编织时应将挂于左手的编织线稍稍收紧，避免松动。

◯ 棒针和棒针之间针目无松动的整齐编织案例

✕ 松动
棒针和棒针之间针目松动的不良案例

使用环形针编织

1 环形针配上1根号数相同的棒针，制作基本起针（参照 p.25）。

2 制作必要针数之后，抽出搭配的棒针。基本起针完成，此起针计为第1行。

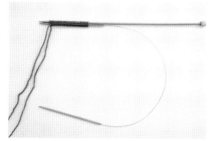 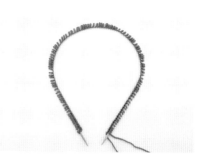

3 拿起环形针的两端，开始编织第2行。注意避免编织起点的针目松动。

4 第3行之后编织成螺旋状。

5 针数环
在行的起点将针数环挂于棒针，作为针目标记。编织行的最初针目之前，先将针数环移至右棒针之后开始编织。

● 单罗纹针起针

单罗纹针是具有伸缩性、边缘整齐的起针。
另线编织锁针起针，挑起锁针的里山。另线之后解开。

右侧边 2 针下针、左侧边 1 针下针

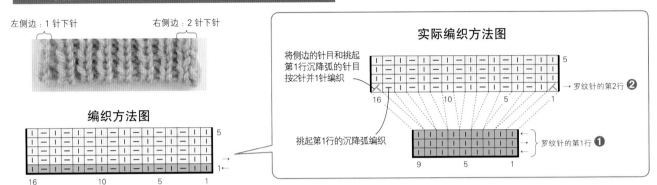

左侧边：1 针下针　　　　右侧边：2 针下针

编织方法图

16　　　10　　　5　　　1

实际编织方法图

将侧边的针目和挑起第1行沉降弧的针目按2针并1针编织

16　　10　　5　　1

→ 罗纹针的第2行 ❷

挑起第1行的沉降弧编织

罗纹针的第1行 ❶

9　　5　　1

❶ 罗纹针的第 1 行

第1行的挑针数
‖
必要针数 ÷ 2 + 1
（16针 ÷ 2 + 1 = 9针）

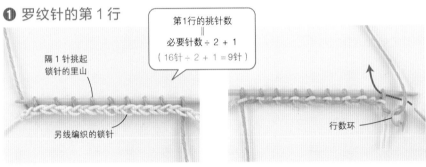

隔1针挑起锁针的里山

另线编织的锁针

行数环

1 　另线松弛编织比必要针数多 5 针左右的锁针，用编织线从锁针的里山隔 1 针挑针（参照 p.27）。

2 　将织片翻到反面，编织线中穿入行数环。接着，上针编织 1 行。

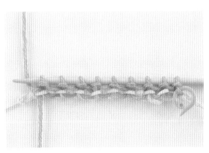

3 　上针编织完成 1 行。

❷ 罗纹针的第 2 行及以后

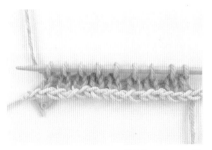

4 　将织片翻到正面，下针编织 1 行。下针编织已完成 3 行。此 3 行成为罗纹针的第 1 行。

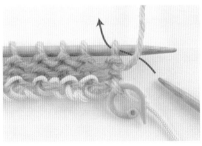

1 　翻到反面。如箭头所示将右棒针插入第 1 针，不编织移走针目。

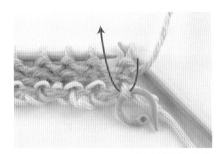

2 　针目已移走。接着，将右棒针插入行数环位置，直接挑针。

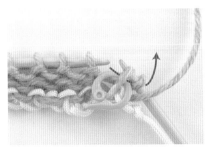

3 　如箭头所示，在挂于右棒针的 2 针中插入左棒针。

4 　挂线于右棒针，2 针并 1 针编织上针。

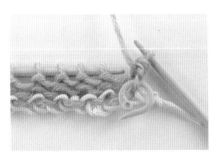

5 　2 针并 1 针编织上针完成。

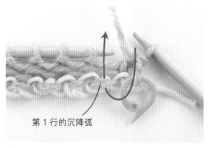

第1行的沉降弧

6　用右棒针，从下方挑起第1行的沉降弧（渡于最下方侧面的线，参照 p.14 ）。

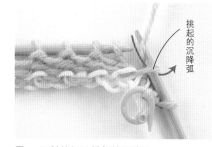

挑起的沉降弧

7　下针编织已挑起的沉降弧。
※ 难以直接编织时，将已挑起的沉降弧移至左棒针之后编织。

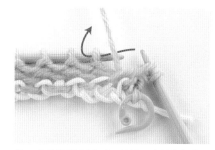

8　下针已编织完成。接着，上针编织挂于左棒针的针目。

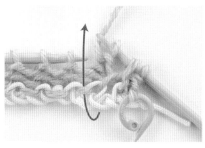

9　挑起下一个沉降弧，编织下针。

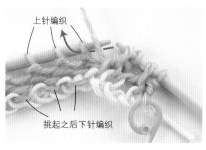

上针编织

挑起之后下针编织

10　重复步骤 8、9，挂于左棒针的针目按上针，第1行的沉降弧挑起之后按下针，交替编织。

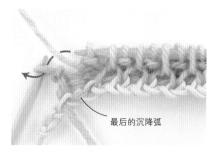

最后的沉降弧

11　编织最后的沉降弧之前，将挂于左棒针的最后针目不编织，移至右棒针。

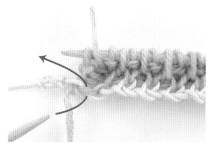

12　用左棒针挑起最后的沉降弧。

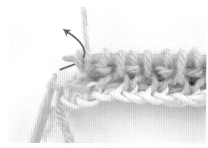

13　将步骤 11 移至右棒针的最后针目，移回左棒针。

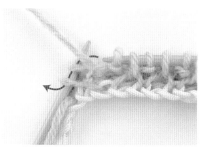

14　如箭头所示插入棒针，将左棒针的 2针并 1针按上针编织。

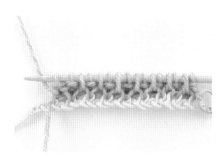

15　单罗纹针起针已完成。已编织至第 2行。

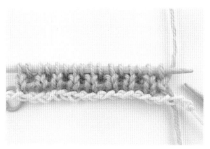

16　将织片翻到正面。第 3 行之后如编织方法图所示，编织单罗纹针。

17　以此编织至指定行数。编织完成 5 行左右之后，解开另线的锁针，取下行数环。
※ 即使锁针解开，罗纹针的织片也不会散开。

右侧边 1 针下针、左侧边 2 针下针

左侧边：2 针下针　　　　　　右侧边：1 针下针

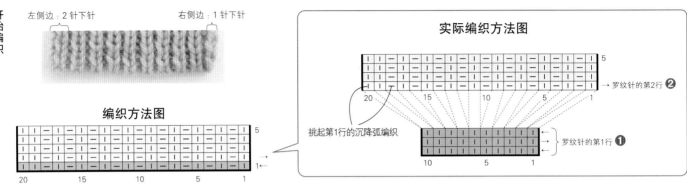

编织方法图

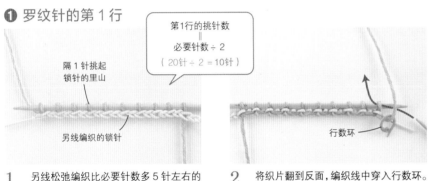

实际编织方法图

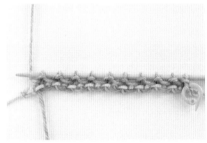

挑起第1行的沉降弧编织

→罗纹针的第2行 ❷

罗纹针的第1行 ❶

---

❶ 罗纹针的第 1 行

第1行的挑针数
=
必要针数 ÷ 2
（ 20针 ÷ 2 ＝10针 ）

隔 1 针挑起
锁针的里山

另线编织的锁针

行数环

1　另线松弛编织比必要针数多 5 针左右的锁针，用编织线从锁针的里山隔 1 针挑针（参照 p.27）。

2　将织片翻到反面，编织线中穿入行数环。接着，上针编织 1 行。

3　上针编织完成 1 行。

---

❷ 罗纹针的第 2 行及以后

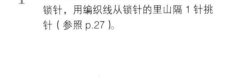

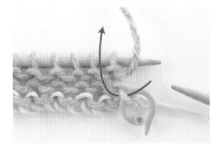

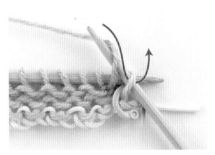

4　将织片翻到正面，下针编织 1 行。下针编织已完成 3 行。此 3 行成为罗纹针的第 1 行。

1　翻到反面。如箭头所示将右棒针插入行数环位置，直接挑针。

2　将挑起的针目移至左棒针，按上针编织。

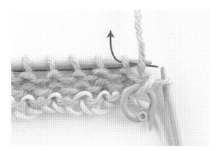

3　上针已编织完成。接着，上针编织挂于左棒针的针目。

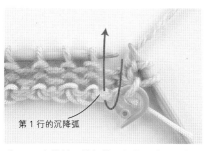

第1行的沉降弧

4　用右棒针，挑起第1行的沉降弧（渡于最下方侧面的线，参照p.14）。

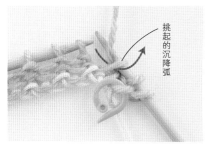

挑起的沉降弧

5　下针编织已挑起的沉降弧。
※ 难以直接编织时，将已挑起的沉降弧移至左棒针之后编织。

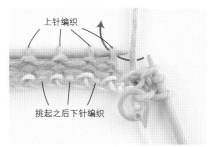

上针编织

挑起之后下针编织

6　重复步骤3～5，挂于左棒针的针目按上针编织，第1行的沉降弧挑起之后按下针编织，交替编织。

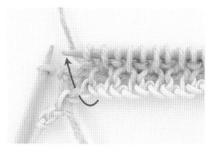

7　最后的沉降弧同样挑起，按下针编织。

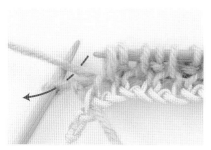

8　挂于左棒针的最后针目，同样按上针编织。

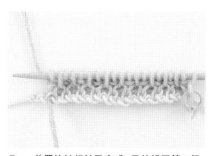

9　单罗纹针起针已完成。已编织至第2行。

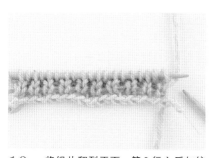

10　将织片翻到正面。第3行之后如编织方法图所示，编织单罗纹针。

11　以此编织至指定行数。编织完成5行左右之后，解开另线的锁针，取下行数环。
※ 即使锁针解开，罗纹针的织片也不会散开。

两侧边均1针下针

左侧边：1针下针　　　　　右侧边：1针下针

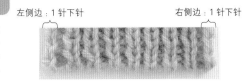

编织方法图

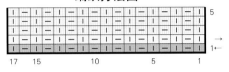

17　15　　　10　　　5　　1

实际编织方法图

将侧边的针目和挑起第1行沉降弧的针目按2针并1针编织

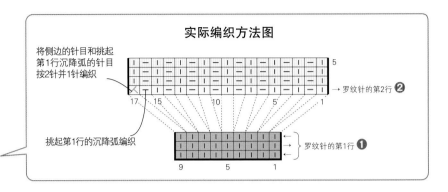

→罗纹针的第2行 ❷

17　15　　　10　　　5′　　1

挑起第1行的沉降弧编织

}罗纹针的第1行 ❶

9　　5　　1

❶ 罗纹针的第1行

第1行的挑针数
＝
（必要针数＋1）÷2
[（17针＋1）÷2＝9针]

隔1针挑起锁针的里山

另线编织的锁针

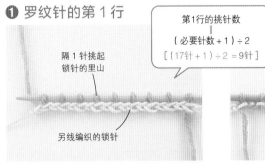

行数环

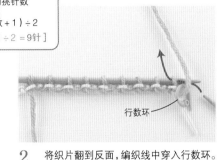

1　另线松弛编织比必要针数多5针左右的锁针，用编织线从锁针的里山隔1针挑针（参照 p.27 ）。

2　将织片翻到反面，编织线中穿入行数环。接着，上针编织1行。

3　上针编织完成1行。

❷ 罗纹针的第2行及以后

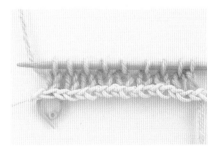

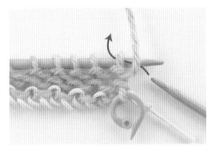

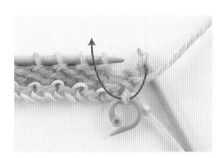

4　将织片翻到正面，下针编织1行。下针编织已完成3行。此3行为罗纹针的第1行。

1　翻到反面。如箭头所示将右棒针插入第1针，不编织移走针目。

2　针目已移走。接着，将右棒针插入行数环位置，直接挑针。

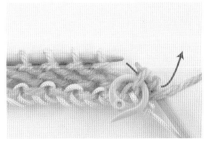

第1行的沉降弧

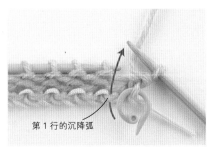

3　如箭头所示，在挂于右棒针的2针中插入左棒针。

4　挂线于右棒针，2针并1针编织上针。

5　2针并1针编织上针完成。接着用右棒针，从下方挑起第1行的沉降弧（渡于最下方侧面的线，参照 p.14 ）。

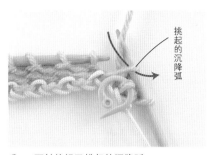

挑起的沉降弧

6　下针编织已挑起的沉降弧。
※ 难以直接编织时，将已挑起的沉降弧移
　 至左棒针之后编织。

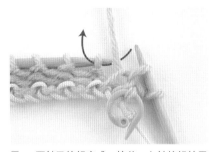

7　下针已编织完成。接着，上针编织挂于
　 左棒针的针目。

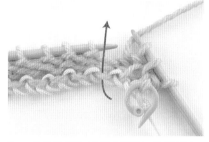

8　接着挑起第1行的沉降弧，编织下针。

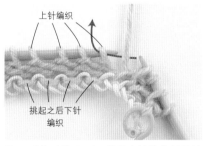

上针编织

挑起之后下针
编织

9　重复步骤7、8，挂于左棒针的针目按
　 上针编织，第1行的沉降弧挑起之后按
　 下针编织，交替编织。

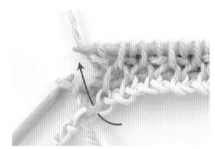

10　最后的沉降弧同步骤8一样挑起，按
　 下针编织。

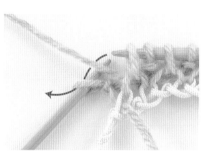

11　挂于左棒针的最后针目同步骤7一
　 样，按上针编织。

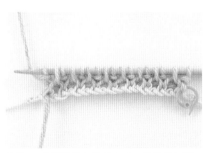

12　单罗纹针起针已完成。已编织至第2
　 行。

13　将织片翻到正面。第3行之后如编
　 织方法图所示，编织单罗纹针。

14　以此编织至指定行数。编织完成5行
　 左右之后，解开另线的锁针，取下行
　 数环。
※ 即使锁针解开，罗纹针的织片也不会
　 散开。

两侧边均 2 针下针

左侧边：2 针下针　　　　右侧边：2 针下针

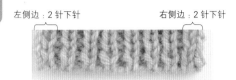

编织方法图

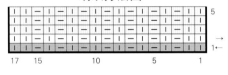

17　　15　　　　　10　　　　　5　　　　1

实际编织方法图

将侧边的针目和挑起第 1 行沉降弧的针目按 2 针并 1 针编织

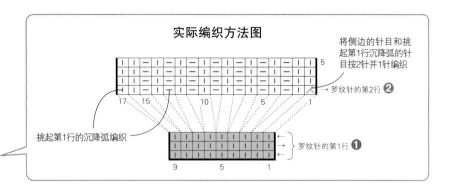

挑起第 1 行的沉降弧编织

→罗纹针的第 2 行 ❷

罗纹针的第 1 行 ❶

---

❶ 罗纹针的第 1 行

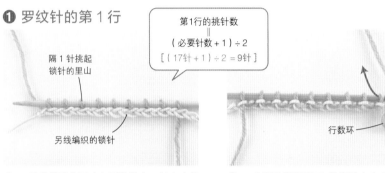

第 1 行的挑针数
=
（必要针数 + 1）÷ 2
[（17 针 + 1）÷ 2 = 9 针]

隔 1 针挑起锁针的里山

另线编织的锁针

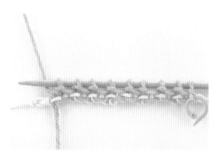

行数环

1 　另线松弛编织比必要针数多 5 针左右的锁针，用编织线从锁针的里山隔 1 针挑针（参照 p.27）。

2 　将织片翻到反面，编织线中穿入行数环。接着，上针编织 1 行。

3 　上针编织完成 1 行。

---

❷ 罗纹针的第 2 行及以后

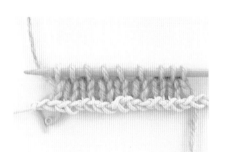

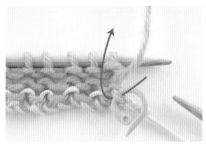

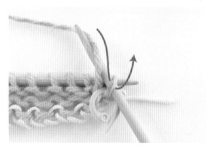

4 　将织片翻到正面，下针编织 1 行。下针编织已完成 3 行。此 3 行为罗纹针的第 1 行。

1 　翻到反面。将右棒针插入行数环位置，直接挑针。

2 　将挑起的针目移回左棒针，按上针编织。

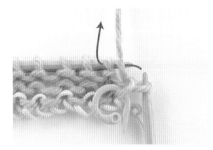

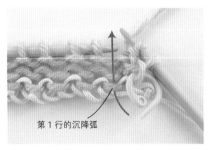

第 1 行的沉降弧

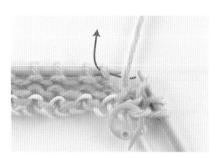

3 　上针已编织完成。接着，按上针编织挂于左棒针的针目。

4 　用右棒针，挑起第 1 行的沉降弧（渡于最下方侧面的线,参照 p.14），编织下针。

5 　下针已编织完成。接着，按上针编织挂于左棒针的针目。

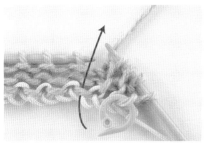

6 接着挑起第1行的沉降弧，编织下针。

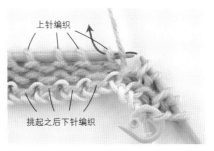

上针编织

挑起之后下针编织

7 重复步骤5、6，挂于左棒针的针目按上针编织，第1行的沉降弧挑起之后按下针编织，交替编织。

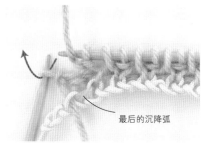

最后的沉降弧

8 编织最后的沉降弧之前，将挂于左棒针的最后针目不编织，移至右棒针。

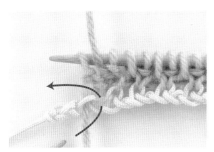

9 用左棒针挑起最后的沉降弧。

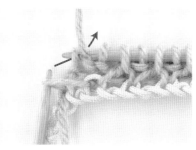

10 将步骤8移至右棒针的最后针目，移回左棒针。

11 将左棒针的2针并1针按上针编织。

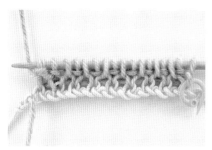

12 单罗纹针起针已完成。已编织至第2行。

13 将织片翻到正面。第3行之后如编织方法图所示，编织单罗纹针。

14 以此编织至指定行数。编织完成5行左右之后，解开另线的锁针，取下行数环。
※ 即使锁针解开，罗纹针的织片也不会散开。

● 双罗纹针起针

双罗纹针具有伸缩性，是边缘整齐的起针。
另线编织锁针起针，挑起锁针的里山。另线之后解开。

两侧边均 2 针下针

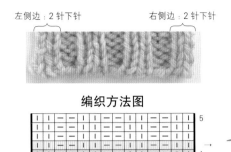

左侧边：2 针下针　　　　右侧边：2 针下针

编织方法图

14　　　10　　　　　5　　　　1

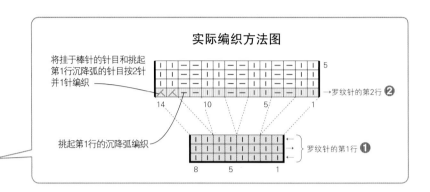

实际编织方法图

将挂于棒针的针目和挑起第1行沉降弧的针目按2针并1针编织

14　　　10　　　　5　　　1　→罗纹针的第2行 ❷

挑起第1行的沉降弧编织

8　　5　　　1　←罗纹针的第1行 ❶

❶ 罗纹针的第 1 行

第1行的挑针数
‖
（必要针数 + 2）÷2
[（14针 + 2）÷ 2 = 8针]

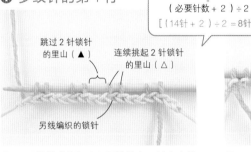

跳过 2 针锁针的里山（▲）　连续挑起 2 针锁针的里山（△）

另线编织的锁针

1　另线松弛编织比必要针数多 5 针左右的锁针，如图所示用编织线从锁针的里山重复△、▲挑针（参照 p.27）。

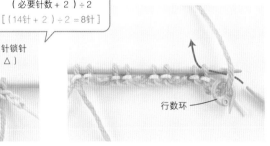

行数环

2　将织片翻到反面，编织线中穿入行数环。接着，上针编织 1 行。

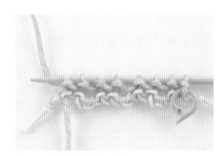

3　上针编织完成 1 行。

❷ 罗纹针的第 2 行及以后

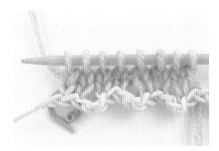

4　将织片翻到正面，下针编织 1 行。下针编织已完成 3 行。此 3 行成为罗纹针的第 1 行。

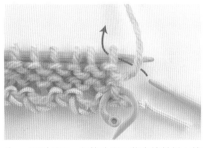

1　翻到反面。如箭头所示将右棒针插入第 1 针，不编织移走针目。

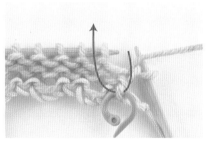

2　针目已移走。接着，将右棒针插入行数环位置，直接挑针。

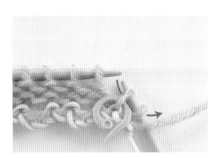

3　如箭头所示，在挂于右棒针的 2 针中插入左棒针。

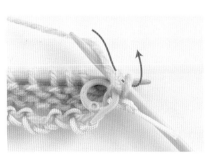

4　挂线于右棒针，2 针并 1 针编织上针。

5　2 针并 1 针编织上针完成。接着如箭头所示将右棒针插入下一个针目，不编织移走针目。

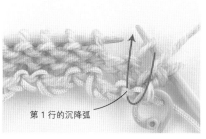

第1行的沉降弧

6 用右棒针，挑起第1行的沉降弧（渡于最下方侧面的线，参照 p.14 ）。

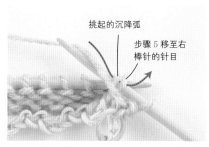

挑起的沉降弧

步骤5移至右棒针的针目

7 将挑起的沉降弧和步骤5移至右棒针的针目再次移回左棒针，2针并1针按上针编织。

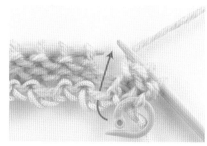

8 挑起下一个沉降弧，编织下针。

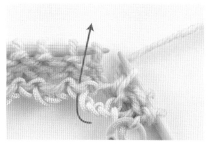

9 接着，同样挑起下一个沉降弧，按下针编织。

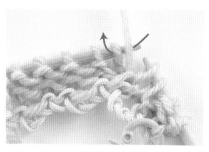

10 按上针编织挂于左棒针的下一个针目。

11 接着，下一个针目也按上针编织。

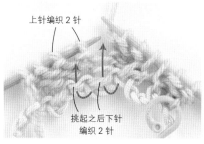

上针编织2针

挑起之后下针编织2针

12 重复步骤8～11，第1行的沉降弧挑起之后按下针编织，挂于左棒针的针目按上针编织，每2针交替编织。

13 最后的2针沉降弧继续按下针编织。

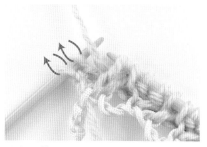

14 挂于左棒针的最后2针继续按上针编织。

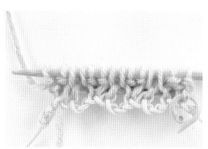

15 双罗纹针起针已完成。已编织至第2行。

16 将织片翻到正面。第3行之后如编织方法图所示，编织双罗纹针。

17 以此编织至指定行数。编织完成5行左右之后，解开另线的锁针，取下行数环。

※ 即使锁针解开，罗纹针的织片也不会散开。

右侧边 2 针下针、左侧边 3 针下针

左侧边：3针下针　　　　右侧边：2针下针

编织方法图

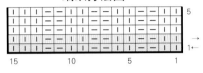

15　　　　10　　　　5　　　　1

实际编织方法图

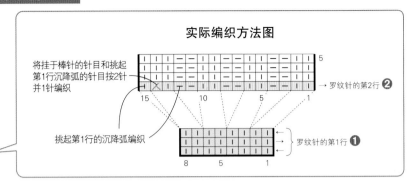

将挂于棒针的针目和挑起
第1行沉降弧的针目按2针
并1针编织

→ 罗纹针的第2行 ❷

15　　　10　　　5　　　1

挑起第1行的沉降弧编织

罗纹针的第1行 ❶

8　　5　　1

❶ 罗纹针的第 1 行

第1行的挑针数
‖
（ 必要针数 + 1 ）÷ 2
[（15针 + 1 ）÷ 2 = 8针]

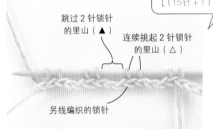

跳过 2 针锁针
的里山（▲）

连续挑起 2 针锁针
的里山（△）

另线编织的锁针

1　另线松弛编织比必要针数多 5 针左右的锁针，如图所示用编织线从锁针的里山重复△、▲挑针（参照 p.27 ）。

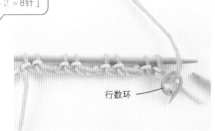

行数环

2　将织片翻到反面，编织线中穿入行数环。接着，上针编织 1 行。

3　上针编织完成 1 行。

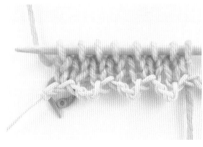

4　将织片翻到正面，下针编织 1 行。下针编织已完成 3 行。此 3 行成为罗纹针的第 1 行。

❷ 罗纹针的第 2 行及以后

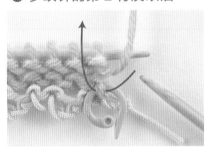

1　翻到反面。将右棒针插入行数环位置，直接挑针。

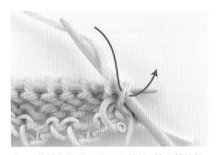

2　将挑起的针目移至左棒针，按上针编织。

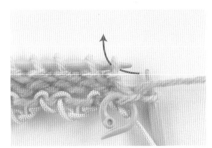

3　如箭头所示将右棒针插入第 1 针，不编织移走针目。

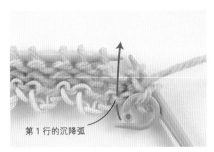

第1行的沉降弧

4　针目已移走。接着用右棒针，从下方挑起第 1 行的沉降弧（渡于最下方侧面的线，参照 p.14 ）。

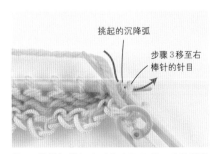

挑起的沉降弧

步骤 3 移至右棒针的针目

5　将挑起的沉降弧和步骤 3 移至右棒针的针目再次移回左棒针，2 针并 1 针按上针编织。

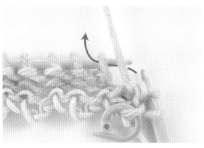

6 2针并1针编织上针完成。接着，上针编织挂于左棒针的下一个针目。

7 用右棒针从下方挑起下一个沉降弧。

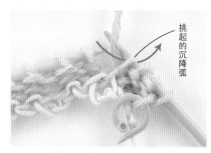

8 下针编织已挑起的沉降弧。
※ 难以直接编织时，将已挑起的沉降弧移至左棒针之后编织。

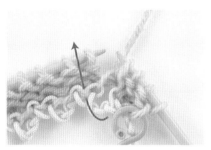

9 接着，也挑起下一个沉降弧，按下针编织。

10 上针编织挂于左棒针的下一个针目。

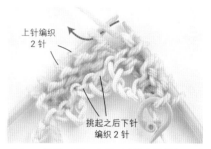

11 接着，下一个针目也按上针编织。重复步骤7～11，第1行的沉降弧挑起之后按下针编织，挂于左棒针的针目按上针编织，交替编织。

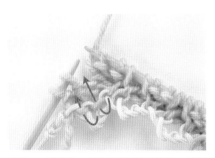

12 最后的2针沉降弧同样挑起，按下针编织。

13 挂于左棒针的最后2针，同样按上针编织。

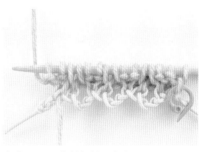

14 双罗纹针起针已完成。已编织至第2行。

15 将织片翻到正面。第3行之后如编织方法图所示，编织双罗纹针。

16 以此编织至指定行数。编织完成5行左右之后，解开另线的锁针，取下行数环。
※ 即使锁针解开，罗纹针的织片也不会散开。

右侧边3针下针、左侧边2针下针

左侧边：2针下针　　　　右侧边：3针下针

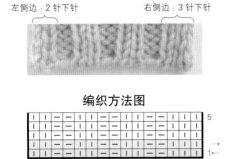

编织方法图

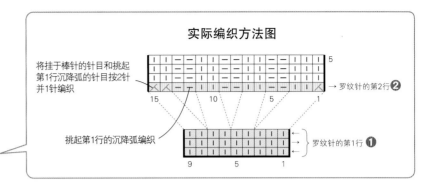

实际编织方法图

将挂于棒针的针目和挑起第1行沉降弧的针目按2针并1针编织

→ 罗纹针的第2行 ❷

挑起第1行的沉降弧编织

罗纹针的第1行 ❶

---

❶ 罗纹针的第1行

第1行的挑针数
＝
（必要针数＋3）÷2
[（15针＋3）÷2＝9针]

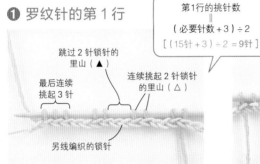

跳过2针锁针的里山（▲）

连续挑起2针锁针的里山（△）

最后连续挑起3针

另线编织的锁针

1 另线松弛编织比必要针数多5针左右的锁针，如图所示用编织线从锁针的里山重复△、▲挑针（参照p.27）。

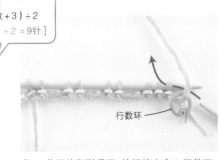

行数环

2 将织片翻到反面，编织线中穿入行数环。接着，上针编织1行。

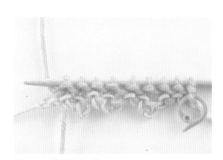

3 上针编织完成1行。

---

❷ 罗纹针的第2行及以后

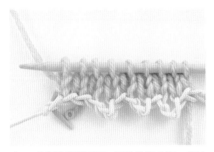

4 将织片翻到正面，下针编织1行。下针编织已完成3行。此3行成为罗纹针的第1行。

1 翻到反面。如箭头所示将右棒针插入第1针，不编织移走针目。

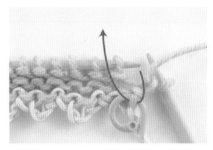

2 针目已移走。接着，将右棒针插入行数环位置，直接挑针。

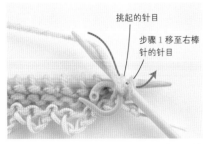

挑起的针目

步骤1移至右棒针的针目

3 将挑起的针目和步骤1移至右棒针的针目再次移回左棒针，2针并1针按上针编织。

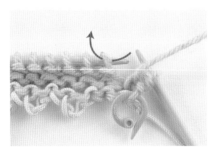

4 2针并1针编织上针完成。接着，如箭头所示将右棒针插入下一个针目，不编织移走针目。

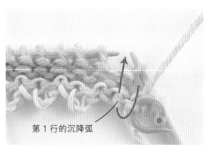

第1行的沉降弧

5 接着用右棒针，从下方挑起第1行的沉降弧（渡于最下方侧面的线，参照p.14）。

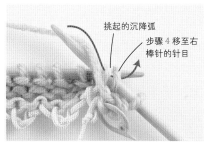

6　将挑起的沉降弧和步骤4移至右棒针的针目再次移回左棒针，2针并1针按上针编织。

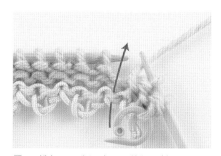

7　挑起下一个沉降弧，编织下针。

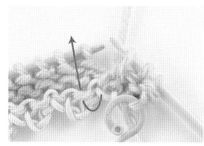

8　接着，同样挑起下一个沉降弧，按下针编织。

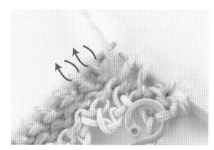

9　上针编织挂于左棒针的后面2个针目。

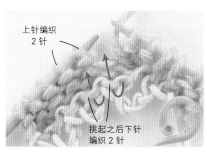

10　重复步骤7～9，第1行的沉降弧挑起之后按下针，挂于左棒针的针目按上针，每2针交替编织。

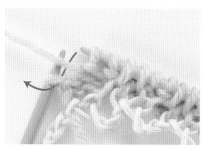

11　编织最后的沉降弧之前，将挂于左棒针的最后一针不编织移至右棒针。

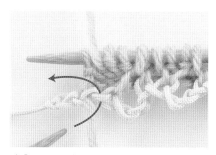

12　用左棒针挑起最后的沉降弧。

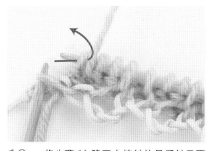

13　将步骤11移至右棒针的最后针目再次移回左棒针。

14　将左棒针的2针并1针按上针编织。

15　双罗纹针起针已完成。已编织至第2行。

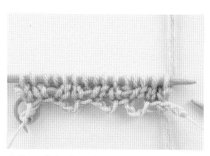

16　将织片翻到正面。第3行之后如编织方法图所示，编织双罗纹针。

17　以此编织至指定行数。编织完成5行左右之后，解开另线的锁针，取下行数环。
　　※ 即使锁针解开，罗纹针的织片也不会散开。

减针

减少针目数量称之为"减针"。

根据减少针数及款式设计等，区分使用不同技法。

减针 1 针

● 侧边减针

织片侧边2针并1针的方法。减针部分不明显。

下针

编织方法图

❶ 右侧

1　如箭头所示插入棒针，第1针不编织移至右棒针。

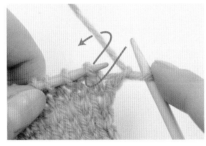

2　下针编织第2针。

3　第2针已编织完成。将左棒针插入已移走的第1针中。

4　如箭头所示转动左棒针盖住第2针，抽出左棒针。

5　右侧边已减针1针。

❷ 左侧

1　如箭头所示，最后2针一并插入棒针。

2　2针并1针编织下针。

3　左侧边已减针1针。

上针

编织方法图

❷ ❶

❶ 右侧

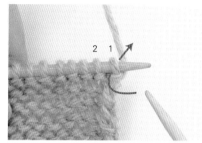

1　如箭头所示插入棒针，第1针不编织移至右棒针。

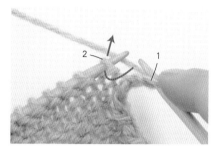

2　接着，如箭头所示插入棒针，第2针同样不编织移至右棒针。

3　如箭头所示插入棒针，将已移走的2针移回左棒针。

4　第1针和第2针交换。如箭头所示，移回的2针一并插入棒针。

5　2针并1针编织上针。

6　右侧边已减针1针。

❷ 左侧

1　如箭头所示，最后2针一并插入棒针。

2　2针并1针编织上针。

3　左侧边已减针1针。

● 1针内侧减针

侧边1针内侧2针并1针的方法。减针位置的线条显眼，可作为设计效果。并且，保留侧边针目，方便缝合、接合及挑针。

下针

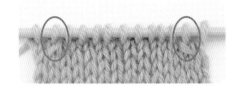

编织方法图

❶ 右侧

1　下针编织第1针。如箭头所示在第2针中插入棒针，不编织移至右棒针。

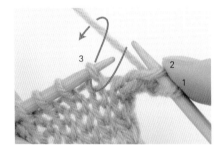

2　下针编织第3针。

3　第3针已编织完成。在已移走的第2针中，插入左棒针。

4　如箭头所示转动左棒针盖住第3针，抽出左棒针。

5　右侧边1针内侧已减针1针。

❷ 左侧

1　如箭头所示，从左侧边开始第2针和第3针一并插入棒针。

2　2针并1针编织下针。

3　左侧边1针内侧已减针1针。

上针

编织方法图

❷   ❶

❶ 右侧

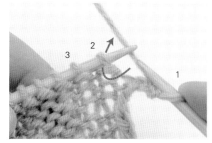

1　上针编织第1针。如箭头所示在第2针中插入棒针，不编织移至右棒针。

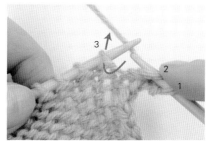

2　接着，如箭头所示插入棒针，第3针同样不编织移至右棒针。

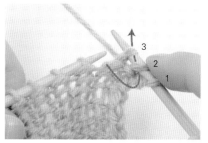

3　如箭头所示插入棒针，将已移走的2针移回左棒针。

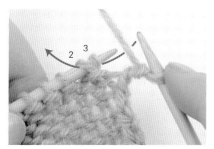

4　第2针和第3针交换。如箭头所示，移回的2针一并插入棒针。

5　2针并1针编织上针。

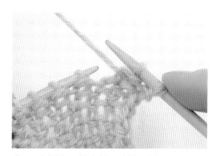

6　右侧边1针内侧已减针1针。

❷ 左侧

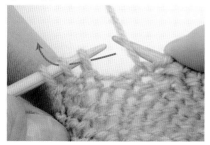

1　如箭头所示，从左侧边开始第2针和第3针一并插入棒针。

2　2针并1针编织上针。

3　左侧边1针内侧已减针1针。

● **分散减针** 1行中减少较多针数时，在织片中间编织2针并1针，使减针位置分散。

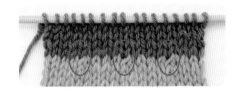

编织方法图

1 在减针位置，如箭头所示2针一并插入棒针，编织下针。

2 左上2针并1针已编织完成。已减针1针。

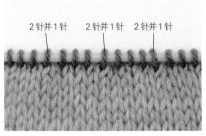

3 1行中已减针3针。

减针位置的确定方法

例如：

将52针减针至48针。

套入公式中计算

$$5\overline{)\begin{array}{c}10\\52\\50\\\hline2\end{array}} \rightarrow 5\overline{)\begin{array}{c}10\\52\\-2\\\hline3\end{array}} \rightarrow 5\overline{)\begin{array}{c}10+\quad=11\\52\\-\quad\\\hline3\quad2\end{array}} \rightarrow \begin{array}{l}10针\rightarrow 3个\\11针\rightarrow 2个\end{array}$$

52针 −48针 = 减针4针

减针4针需要
5个间隔

〈 各间隔针数的计算 〉

52针 ÷ 5个间隔 = 10针 多2针

10针分5个间隔之后多2针
↓
逐针分配多出的2针
制作2个11针的间隔
↓
11针的间隔 → 2个
10针的间隔 → 3个

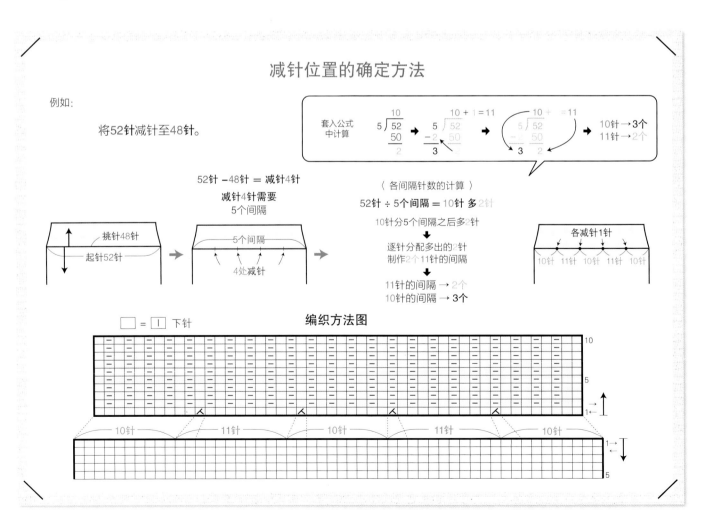

□ = | 下针

编织方法图

减针 2 针及以上

● 伏针收针的减针

通过"伏针收针"技法减少针目的方法。
伏针收针只能在接编织线的行的编织起点完成，
所以减针位置在织片左右错开1行。

编织方法图

❶ 右侧
（从织片正面编织的行减针）

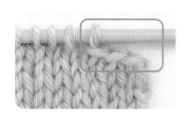

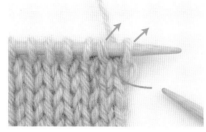

1　编织 2 针下针。

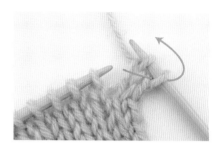

2　如箭头所示，第 1 针中插入左棒针，盖住第 2 针之后抽出左棒针。

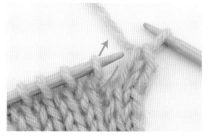

3　已减针 1 针。下针编织下一个针目。

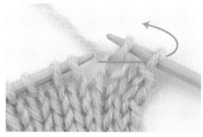

4　如箭头所示，上一个针目中插入左棒针，盖住刚编好的针目。同样方式，重复"编织 1 针盖住上一针"。

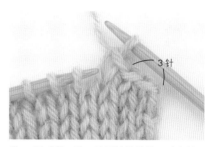

5　已减针 3 针。挂于棒针的针目成为第 4 针。

❷ 左侧
（从织片反面编织的行减针）

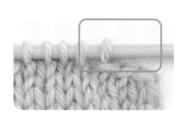

1　编织 2 针上针。

2　如箭头所示，第 1 针中插入左棒针，盖住第 2 针之后抽出左棒针。

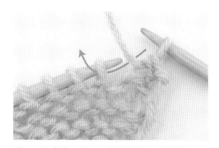

3　已减针 1 针。上针编织下一个针目。

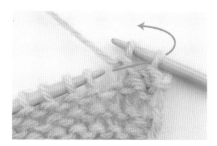

4　如箭头所示，上一个针目中插入左棒针，盖住刚编好的针目。同样方式，重复"编织 1 针盖住上一针"。

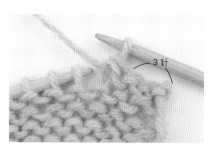

5　已减针 3 针。挂于棒针的针目成为第 4 针。

伏针收针的减针中不留尖角的方法

袖窿等伏针收针的减针方法重复多次的情况下，如果第2次之后不编织第1针就伏针收针，
能够制作出平滑的弧线。

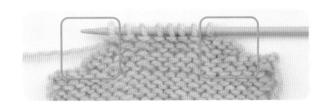

编织方法图

❶ 右侧（从织片正面编织的行减针）

1　如箭头所示，第1针中插入棒针，
不编织移至右棒针。

2　下针编织第2针。

3　如箭头所示，已移走的第1针中
插入左棒针，盖住第2针之后抽
出左棒针。

4　已减针1针。下针编织下一个针
目。

5　如箭头所示，上一个针目中插入左
棒针，盖住刚编好的针目。同样方
式，重复"编织1针盖住上一针"。

6　已减针3针。

❷ 左侧（从织片反面编织的行减针）

1　如箭头所示，第1针中插入棒针，
不编织移至右棒针。

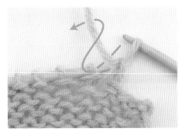

2　上针编织第2针。

3　如箭头所示，已移走的第1针中
插入左棒针，盖住第2针之后抽
出左棒针。

4　已减针1针。上针编织下一个针目。

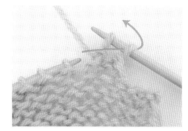

5　如箭头所示，上一个针目中插入左棒针，盖住刚编好的针目。同样方式，重复"编织1针盖住上一针"。

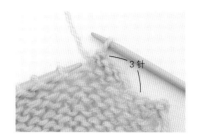

6　已减针3针。

● V领中央减针

在V领中央部分，编织中上3针并1针。
由于在同一位置重复减针，所以织片形状呈V形。

编织方法图

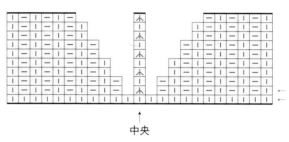

↑
中央

1　如箭头所示，按第2针、第1针的顺序插入棒针，不编织移至右棒针。

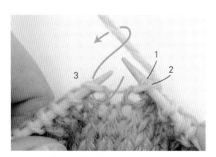

2　下针编织第3针。

3　如箭头所示，已移走的第1针和第2针中插入左棒针，盖住第3针之后抽出棒针。

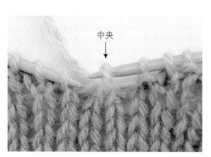

4　中央3针变成1针。

领窝减针方法

编织领窝时，从中央伏针收针部分开始左右分开继续编织。

用编织身片的线编织至一侧肩部，再接新线编织另一侧肩部。

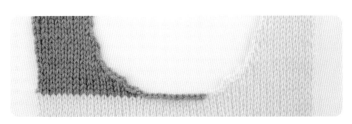

※ 为了方便识别，所接新线用不同颜色。

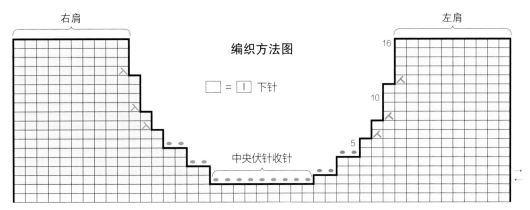

右肩　　　　　　　　　　　　　　　　编织方法图　　　　　　　　　　左肩

□ = | 下针

中央伏针收针

编织左肩

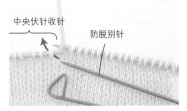

1 编织至领窝中央伏针收针附近。将剩余针目穿入防脱别针等，休针。

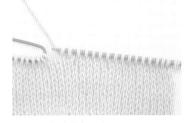

2 左肩继续往返编织。

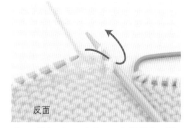

3 将织片翻到反面，上针编织最初的 2 针，同时按伏针收针进行减针。

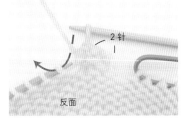

4 已减针 2 针。继续按上针编织 1 行。

5 已编织 1 行。

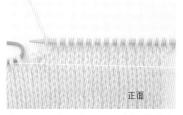

6 将织片翻到正面，已按下针编织 1 行的状态。

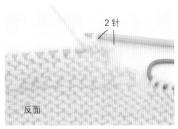

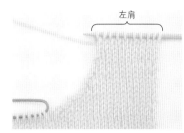

7 再次将织片翻到反面。按伏针收针，减针最初的 2 针。

8 如编织方法图所示，继续往返编织左肩。最后将针目穿入防脱别针等，休针。

编织右肩

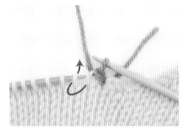

9 步骤 1 休针的针目移回至棒针，中央伏针收针。接新线，编织 2 针下针。

10 如箭头所示，第 1 针中插入左棒针，盖住第 2 针之后抽出左棒针。

11 伏针收针已完成 1 针。接下来重复"编织 1 针盖住上一针"。

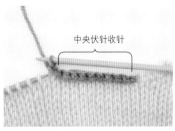

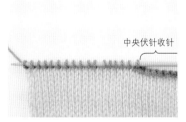

12 伏针收针已完成 9 针状态。挂于棒针的针目成为下一个第 1 针。

13 接着，下针编织右肩剩余的针目。将织片翻到反面，编织 1 行。

14 再次将织片翻到正面。按伏针收针，减针最初的 2 针。

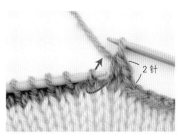

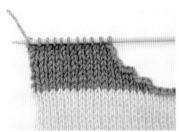

15 已减针 2 针。继续按下针编织 1 行。

16 如编织方法图所示，继续往返编织右肩。

加针

增加针目数量称之为"加针"。

根据增加针数及款式设计等，区分使用不同技法。

加针 1 针

● 拉出下方 1 行针目加针

在侧边1针内侧编织"右加针"或"左加针"。如加针行的间隔小，则织片容易过紧，不适合此种加针方法。

下针

编织方法图

❶ 右侧

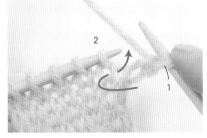

1　下针编织第1针。如箭头所示，将右棒针插入第2针的上一行针目。

2　挑起右棒针，挂线。

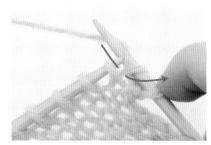

3　编织下针。

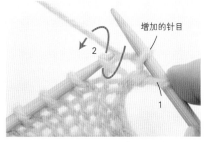

4　已编织1针下针。继续在第2针中插入右棒针，编织下针。

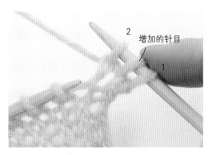

5　加针1针。

❷ 左侧

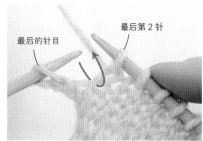

1　编织最后一针之前，如箭头所示将左棒针插入刚编好的针目的2行下方针目。

2　挑起左棒针，如箭头所示插入右棒针。

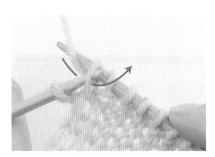

3　挂线于右棒针，编织下针。

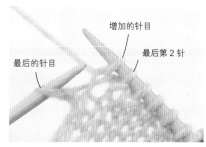

4　已编织完成下针。已加针1针。

上针

编织方法图

❶ 右侧

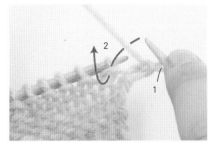

1　上针编织第1针。如箭头所示，将右棒针插入第2针的上一行针目。

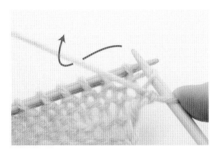

2　挑起右棒针，挂线。

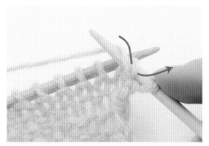

3　编织上针。

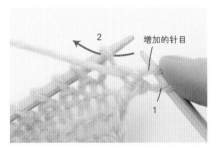

4　已编织1针上针。继续在第2针中插入右棒针，编织上针。

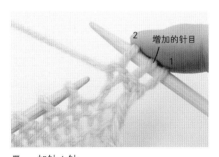

5　加针1针。

❷ 左侧

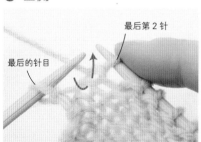

1　编织最后一针之前，如箭头所示，将左棒针插入刚编好的针目的2行下方针目。

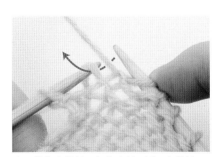

2　挑起左棒针，如箭头所示插入右棒针。

3　挂线于右棒针，编织上针。

4　已编织完成上针。已加针1针。

● 上一行横向渡线扭针加针

将渡于上一行针目和针目之间的线扭针编织进行加针。织片两侧边左右对称加针时，左右扭针方向相反。

下针

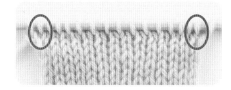

编织方法图

❶ 右侧

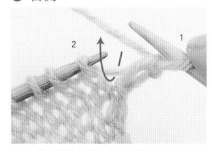

1　按下针编织第1针。如箭头所示，在渡于第1针和第2针之间的线中插入右棒针。

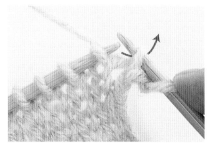

2　如箭头所示插入棒针，将挑起的针目移至左棒针。

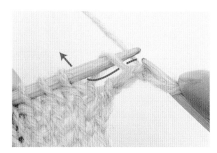

3　如箭头所示插入右棒针，编织下针。

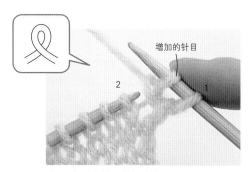

4　扭针加针已编织完成。

❷ 左侧

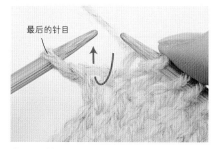

1　如箭头所示，编织最后一针之前，在渡于针目和针目之间的线中插入右棒针。

2　如箭头所示插入棒针，将挑起的针目移至左棒针。

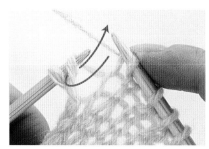

3　如箭头所示插入右棒针，编织下针。

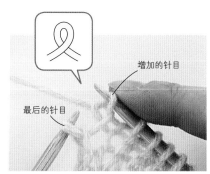

4　扭针加针已编织完成。

上针

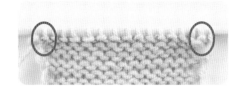

编织方法图

❶ 右侧

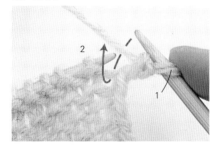

1　按上针编织第1针。如箭头所示，在渡于第1针和第2针之间的线中插入右棒针。

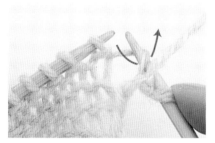

2　如箭头所示插入棒针，将挑起的针目移至左棒针。

3　如箭头所示插入右棒针。

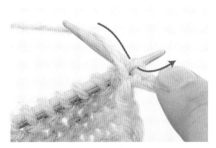

4　挂线于针，编织上针。

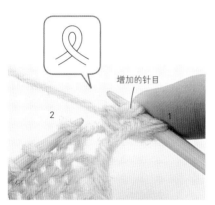

增加的针目

5　上针的扭针加针已编织完成。

❷ 左侧

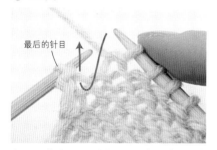

最后的针目

1　如箭头所示，编织最后一针之前，在渡于针目和针目之间的线中插入右棒针。

2　如箭头所示插入棒针，将挑起的针目移至左棒针。

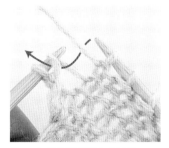

3　如箭头所示插入右棒针。

4　挂线于针，编织上针。

增加的针目

最后的针目

5　上针的扭针加针已编织完成。

● 挂针和扭针的加针

通过挂针增加针目，并在下一行通过扭针堵住挂针的孔。织片两侧边左右对称加针时，左右扭针方向相反。

在编织下针的行挂针

编织方法图

❶ 右侧

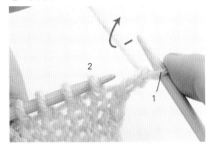

1 　按下针编织第1针。如箭头所示转动右棒针挂线，制作挂针。

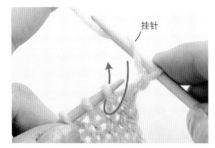

2 　注意避免挂针滑落的同时，编织下一个针目。

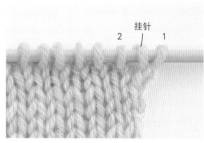

3 　第1行编织完成。在第1针和第2针之间，挂针增加针目。

〈下一行〉

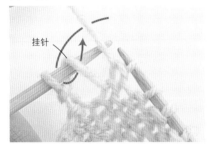

4 　如箭头所示，将右棒针插入上一行的挂针中，编织上针。

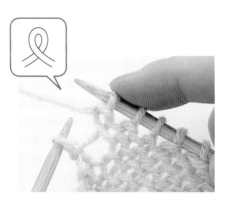

5 　上针的扭针已编织完成。

❷ 左侧

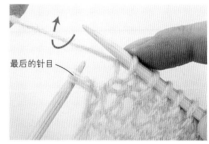

1 　如箭头所示，编织最后一针之前，制作挂针。同右侧相反，从外向内挂线。

〈下一行〉

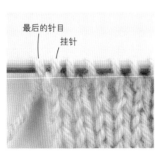

2 　注意避免挂针滑落的同时，编织下一个针目。

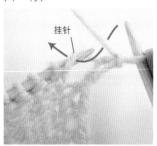

3 　第1行编织完成。在最后针目的内侧1针，挂针增加针目。

4 　如箭头所示，将右棒针插入上一行的挂针中，编织上针。

5 　上针的扭针已编织完成。

在编织上针的行挂针

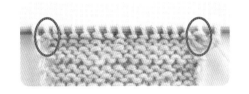

编织方法图

❷ ❶

 ❶ 右侧

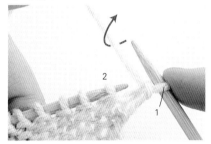

1　按上针编织第1针。如箭头所示转动右棒针挂线，制作挂针。

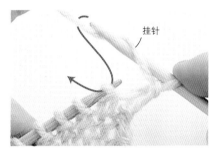

挂针

2　注意避免挂针滑落的同时，编织下一个针目。

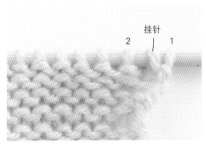

2　挂针　1

3　第1行编织完成。在第1针和第2针之间，挂针增加针目。

〈下一行〉

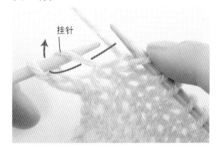

挂针

4　如箭头所示，将右棒针插入上一行的挂针中，编织下针。

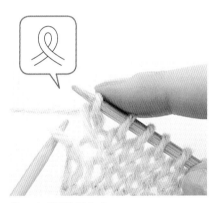

5　扭针已编织完成。

❷ 左侧

最后的针目

1　如箭头所示，编织最后一针之前，制作挂针。同右侧相反，从外向内挂线。

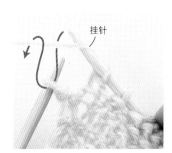

挂针

2　注意避免挂针滑落的同时，编织下一个针目。

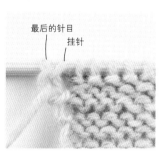

最后的针目　挂针

3　第1行编织完成。在最后针目的内侧1针，挂针增加针目。

〈下一行〉

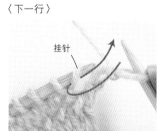

挂针

4　如箭头所示，将右棒针插入上一行的挂针中，编织下针。

5　扭针已编织完成。

● 分散加针

1行中增加较多针数时，为使加针位置分散，在织片中间多次扭针加针的方法。

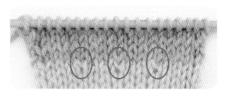

编织方法图

1 在加针位置，如箭头所示在渡于针目和针目之间的线中插入右棒针。

2 如箭头所示插入棒针，将挑起的针目移至左棒针。

3 如箭头所示插入右棒针，编织下针。

4 扭针加针已编织完成。

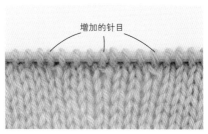

5 1行中已加针3针。

加针位置的确定方法

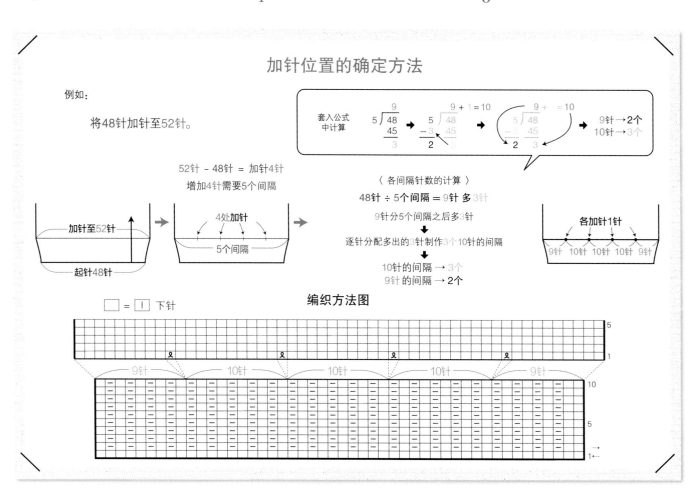

例如：

将48针加针至52针。

套入公式中计算

$$5\overline{\smash{)}48} \atop 45 \atop 3$$ ➡ ... ➡ ... ➡ 9针 → 2个
10针 → 3个

52针 - 48针 = 加针4针
增加4针需要5个间隔

加针至52针
起针48针

4处加针
5个间隔

〈各间隔针数的计算〉
48针 ÷ 5个间隔 = 9针 多3针

9针分5个间隔之后多3针
↓
逐针分配多出的3针制作3个10针的间隔

10针的间隔 → 3个
9针 的间隔 → 2个

各加针1针
9针 10针 10针 10针 9针

□ = | 下针

编织方法图

9针　　　10针　　　10针　　　10针　　　9针

加针 2 针及以上

● 卷针加针

将编织线卷绕于棒针的加针方法。
卷针加针只能在接编织线的行的编织终点完成，所以加针位置在织片左右错开1行。

编织方法图

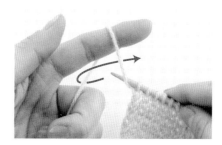

❶ ← ⓌⓌⓌⓌ ⓌⓌⓌⓌ → ❷

❶ 左侧
（从织片正面编织的行加针）

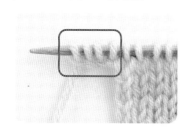

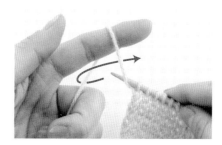

1 编织线挂于左手食指，如箭头所示插入棒针。

2 将左手食指从线中松开，轻轻收紧编织线。

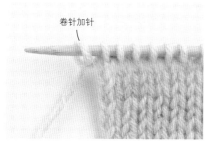

卷针加针

3 线卷绕于棒针，已编织完成 1 针卷针加针。

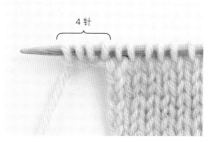

4 针

4 按同样方法重复，已编织完成 4 针卷针加针的状态。

下一行的第 1 针，如箭头所示插入另一根棒针。

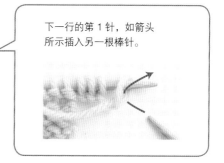

下一行的第 1 针，如箭头所示插入另一根棒针。

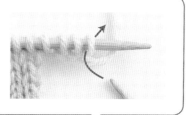

❷ 右侧
（从织片反面编织的行加针）

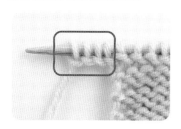

1 同左侧一样，编织线挂于左手食指，如箭头所示插入棒针，将左手食指从线中松开，轻轻收紧编织线。

4 针

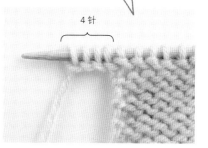

2 已编织完成 4 针卷针加针的状态。

引返编织

不编织至织片侧边，中途引返至下一行制作斜线或弧线的技法。

> **要点**
>
> 为了防止中途引返编织部分开孔，需要"挂针"。
> 为了引返编织时尽可能缓和高度差，需要"滑针"。
> 另外，通过2针并1针进行消行，使挂针增加的针数恢复原状的同时，调整斜线。

● 留针的引返编织

编织斜肩等使用的技法。编针上留出必要针数，减少针数的同时继续向前编织。
留针的行左右错开1行。

左下方倾斜

（从织片正面编织的行留针）

> 4针平
> 2-4-3引返
> 行 针次

编织方法图

ο∨ = 挂针 + 滑针

人 = "消行"的2针并1针

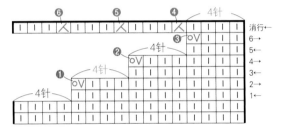

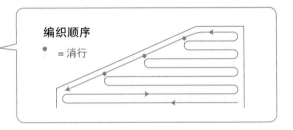

编织顺序

● = 消行

1 在正面编织的行，编织第1行。最后，留针4针。

2 翻到反面，编织第2行。右棒针留针4针不动，挂针之后如箭头所示插入左棒针，制作滑针（❶）。

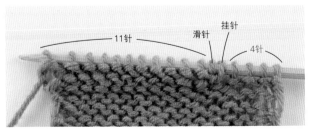

3 接着，留针的11针均已按上针编织完成。

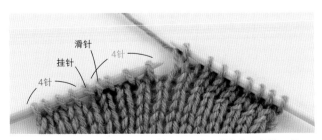

4 翻到正面，编织第3行。包括上一行的滑针在内，留针4针。

5　翻到反面，编织第 4 行。右棒针留针不动，挂针之后如箭头所示插入左棒针，制作滑针（❷）。

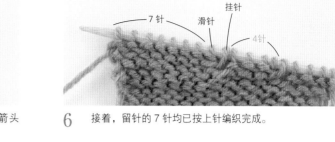

6　接着，留针的 7 针均已按上针编织完成。

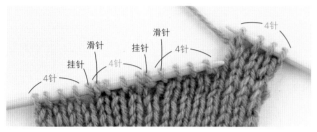

7　翻到正面，编织第 5 行。包括上一行的滑针在内，留针 4 针。右棒针已挂针 4 针。

8　翻到反面，编织第 6 行。右棒针留针不动，挂针之后如箭头所示插入左棒针，制作滑针（❸）。

9　接着，留针的 3 针均已按上针编织完成。

10　已翻到正面的状态。

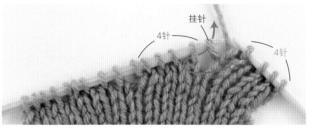

11　编织 1 行的同时消行。编织 4 针，如箭头所示在上一行的挂针和下一个针目中插入棒针，2 针并 1 针"消行"（❹）。

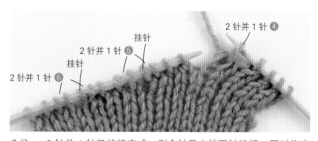

12　2 针并 1 针已编织完成。剩余针目也按下针编织，同时将中间的挂针和下一个针目 2 针并 1 针"消行"（❺、❻）。

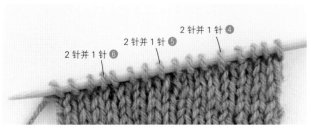

13　消行已完成。织片向左下方倾斜。

14　从反面看织片的状态。消行部分的挂针已被 2 针并 1 针。

右下方倾斜

（从织片反面编织的行留针）

4针平
2-4-3 引返
行 针 次

编织方法图

$\boxed{Vo}$ = 挂针+滑针

$\boxed{入}$ = "消行"的2针并1针

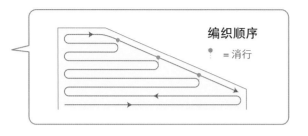

编织顺序

● = 消行

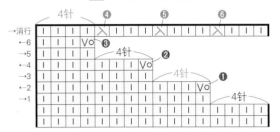

在反面编织的行，编织第1行。最后，留针4针。

1

翻到正面，编织第2行。右棒针留针4针不动，挂针之后如箭头所示插入左棒针，制作滑针（①）。

2

接着，留针的11针均已按下针编织完成。

3

翻到反面，编织第3行。包括上一行的滑针在内，留针4针。

4

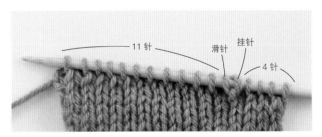

翻到正面，编织第4行。右棒针留针不动，挂针之后如箭头所示插入左棒针，制作滑针（②）。

5

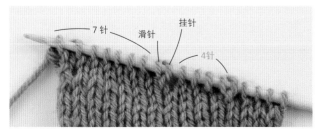

接着，留针的7针均已按下针编织完成。

6

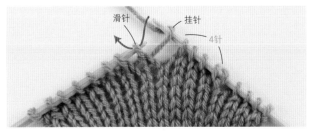

7　翻到反面，编织第5行。包括上一行的滑针在内，留针4针。右棒针已挂针4针。

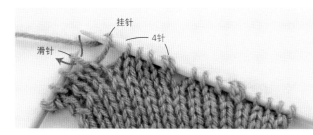

8　翻到正面，编织第6行。右棒针留针不动，挂针之后如箭头所示插入左棒针，制作滑针（❸）。

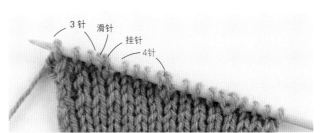

9　接着，留针的3针均已按下针编织完成。

10　已翻到反面的状态。

11　编织1行的同时消行。编织4针，如箭头所示在上一行的挂针和下一个针目交换之后2针并1针"消行"（❹）。如箭头所示依次插入棒针，将挂针和下一个针目移至右棒针。

12　如箭头所示插入棒针，将移走的2针移回左棒针。

13　挂针和下一个针目已交换完成。如箭头所示插入棒针，2针并1针编织上针。

14　挂针和下一个针目的2针并1针已编织完成。剩余针目也按上针编织，同时将中间的挂针和下一个针目2针并1针"消行"（❺、❻）。

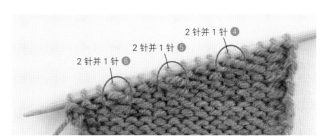

15　消行已完成。从反面看织片的状态。消行部分的挂针已被2针并1针。

16　从正面看织片的状态。织片向右下方倾斜。

● 加针的引返编织

用于在下摆线条中加入弧线，以及编织袜跟部位等。从织片中央朝向外侧加针必要针数的同时继续编织。加针行左右错开1行。

编织方法图

$\boxed{oV}$、$\boxed{Vo}$ = 挂针+滑针　　$\boxed{人}$、$\boxed{人}$ = "消行"的2针并1针

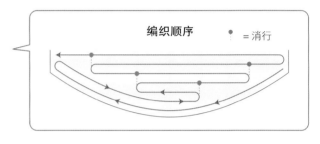

编织顺序　● = 消行

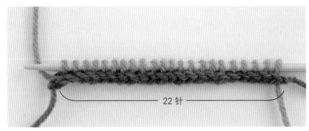

1　起针22针，编织第1行。

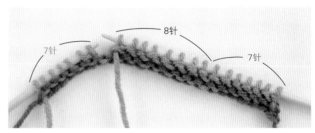

2　翻到反面，编织第2行。编织15针（7针+8针）上针，左棒针留针7针。

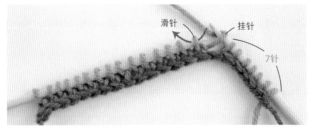

3　翻到正面，编织第3行。右棒针留针7针不动，挂针之后如箭头所示插入左棒针，制作滑针（❶）。

滑针　挂针　7针

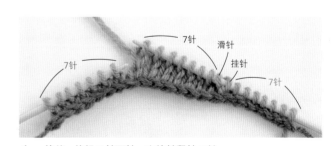

4　接着，编织7针下针，左棒针留针7针。

7针　7针　滑针　挂针　7针

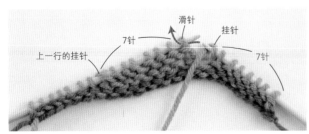

5　翻到反面，编织第4行。右棒针留针7针不动，挂针之后如箭头所示插入左棒针，制作滑针（❷）。接着，编织7针上针（至上一行的挂针附近）。

上一行的挂针　7针　滑针　挂针　7针

6　上一行的挂针和下一个针目交换之后2针并1针"消行"（❸）。如箭头所示依次插入棒针，将挂针和下一个针目移至右棒针。

上一行的挂针

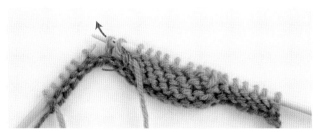

7　如箭头所示插入棒针，将移走的 2 针移回左棒针。

8　挂针和下一个针目已交换完成。如箭头所示插入棒针，2 针并 1 针编织上针。

2针并1针

9　挂针和下一个针目的 2 针并 1 针已编织完成。

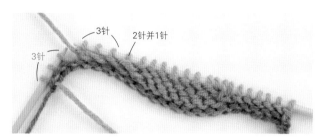

3针　　2针并1针

3针

10　接着，按上针编织 3 针，左棒针留针 3 针。

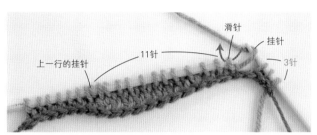

滑针　　挂针

上一行的挂针　　11针　　　3针

11　翻到正面，编织第 5 行。右棒针留针 3 针不动，挂针之后如箭头所示插入左棒针，制作滑针（❹）。接着，编织 11 针下针（至上一行的挂针附近）。

上一行的挂针

12　如箭头所示在上一行的挂针和下一个针目中插入棒针，2 针并 1 针"消行"（❺）。

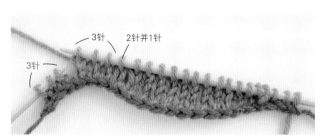

3针　　2针并1针

3针

13　接着，编织 3 针，左棒针留针 3 针。

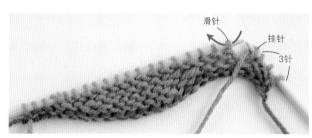

滑针

挂针

3针

14　翻到反面，编织第 6 行。右棒针留针 3 针不动，挂针之后如箭头所示插入左棒针，制作滑针（❻）。

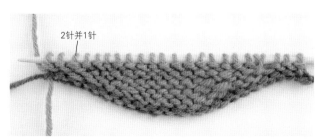

2针并1针

15　按上针编织剩余的针目。中间同步骤 6 ～ 9 一样，将上一行的挂针和下一个针目交换之后 2 针并 1 针"消行"（❼）。

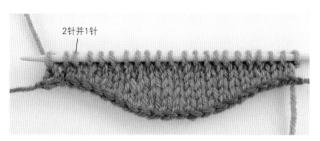

2针并1针

16　翻到正面，第 7 行全针目（22 针）按下针编织。中间同步骤 12 一样，将上一行的挂针和下一个针目编织 2 针并 1 针"消行"（❽）。

线材颜色替换方法

下面介绍在织片中间替换线材颜色的方法。根据配色的行数、针数、花样等，分为多种替换方法。

条纹花样的颜色替换方法 如果是粗条纹，采用在织片侧边缠绕线的方法或按配色剪线的方法替换颜色。
如果是细条纹，采用渡线的方法可减少最后的线头处理。

● 按配色剪线的方法

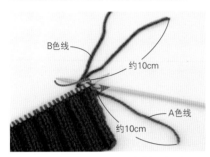

1　编织至指定行之后剪断 A 色线，用 B 色线编织下一行。线头分别留约 10cm。

2　用 B 色线编织完成 1 针。在织片边缘将线头松弛打结之后，用 B 色线继续编织。

3　织片编织完成之后，步骤 2 的线结不解开，将线头穿入毛线缝针中，分别穿入同色织片的反面进行处理。

● 缠绕线的方法

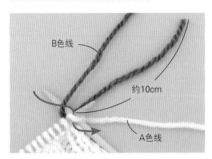

1　编织至指定行之后将 A 色线休针，用 B 色线编织下一行。B 色线的线头留约 10cm。

2　用 B 色线编织完成 1 针。接着，用 B 色线继续编织 2 行。

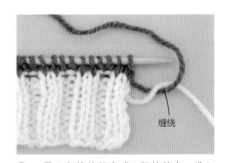

3　用 B 色线编织完成 2 行的状态。进入第 3 行之前，如图所示将 A 色线缠绕 1 圈之后，用 B 色线编织。

4　用 B 色线编织完成 4 行的状态。进入第 5 行之前同步骤 3 一样，一边每 2 行缠绕线一边继续编织。

5　再次用 A 色线编织时，同样一边每 2 行将 B 色线缠绕 1 圈，一边继续编织。

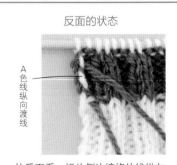

反面的状态

从反面看，织片侧边缠绕的线纵向渡线。

● 渡线的方法（每2行替换颜色）

1 用A色线编织2行之后，将A色线休针，用B色线编织下一行。B色线的线头留约10cm。

2 已用B色线编织完成2行。B色线不动，用休针的A色线编织下一行。

3 将A色线纵向渡线之后挂于棒针，编织下一行的第1针。

4 已编织完成1针。注意避免纵向渡线过紧或过松。

5 用A色线编织2行之后，参照步骤3将B色线纵向渡线，编织下一行的第1针。按照相同方法，一边每2行渡线，一边继续编织。

反面的状态

从反面看，织片侧边的线纵向渡线。

环形编织的颜色替换方法

环形编织情况下，缠绕线的方法容易使表面过紧，所以采用渡线的方法编织。

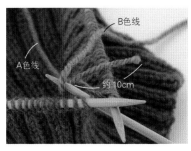

1 用A色线编织指定行数之后，在织片反面将A色线休针，用B色线编织下一行。B色线的线头留约10cm。

2 用B色线编织指定行数之后，在织片反面将B色线休针，再将休针的A色线纵向渡线，编织下一行。注意避免渡线过紧或过松。

反面的状态

从反面看，线纵向渡线。

配色花样的颜色替换方法

介绍在织片中使用配色线表现纵向条纹花样和图案的换色技巧。
分为在织片反面横向渡线编织配色花样的方法、纵向渡线编织配色花样
的方法，以及在织片反面使用编织的线缠绕着不编织的线编织配色花样
的方法。

● 横向渡线换色的方法

带花样的行中，用底色线编织时将配色线渡于反面，用配色线编织时将底色线渡于反面。
如反面渡线过紧，会导致织片表面凹凸不平。相反，则会导致针目松弛，穿着时反面不贴身。所以，编织过程中应留意
渡线的松紧程度。

连续花样

织片侧边带花样的情况下，编织行的第1针时，将配色线缠绕于底色线编织。

正面	反面	编织方法图

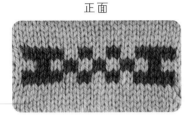 

□ = Ⅰ 下针

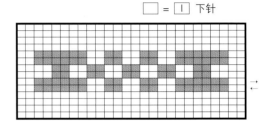

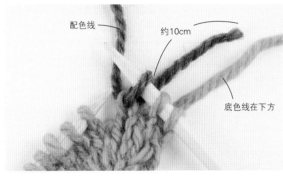

1 最初替换颜色时，替换成配色线，编织下针。线头留约10cm。

2 用配色线编织花样所需针数之后，底色线穿入配色线下方，用底色线编织下一个针目。渡线时，注意必须配色线在上方，底色线穿入下方。

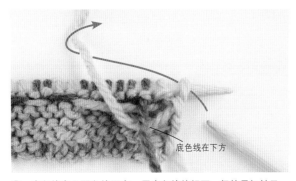

3 底色线穿入配色线下方，用底色线编织下一行的最初针目。

4 替换成配色线时，配色线穿入底色线上方，渡线编织。

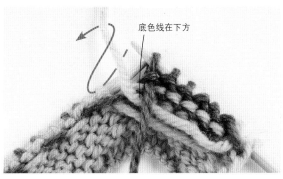

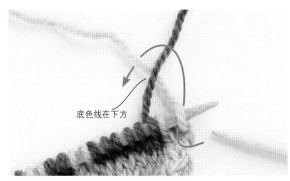

5 再次替换成底色线时，底色线穿入配色线下方，渡线编织。

6 底色线穿入配色线下方，用底色线编织下一行的最初针目。下一个针目同步骤 4、5 一样，一边在反面渡线，一边编织。

单独花样

将花样加在喜欢的位置进行配色编织。为了避免底色线和配色线的交界处开孔，使配色线缠绕于花样外侧 1 ~ 2 针的底色线中进行编织。

正面	反面

编织方法图

□ = | 下针

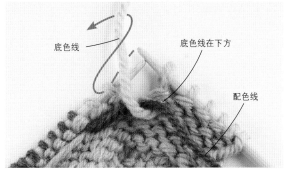

1 配色线所编针目的前一针编织时，使底色线穿入配色线下方之后，用底色线编织花样的第 2 行。

2 替换成配色线，配色线穿入底色线上方进行编织。

3 花样的第 2 行已编织完成。

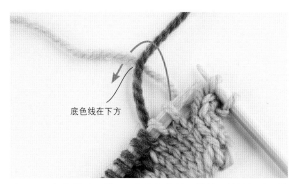

4 下一行换线后同样，配色线所编针目的前一针编织时，使底色线穿入配色线下方之后，用底色线编织。

● 纵向渡线换色的方法

在底色线和配色线的交界处缠绕线，反面不出现横向渡线的编织方法。
它适合纵向的、连续的花样以及较大图案。
需要准备和颜色数量相同的线团。
（使用配色编织线团更为方便）

※ 为了方便识别，底色线 B 用不同颜色。

编织方法图

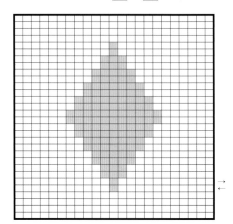

□ = | 下针

正面

反面

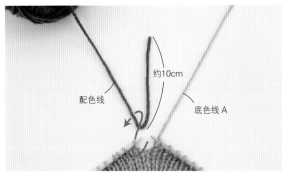

1　最初替换线时，将已编好的底色线 A 不剪断休针，替换成配色线之后编织下针。线头留约 10cm。

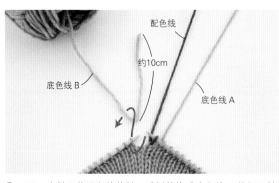

2　下一个针目将配色线休针，重新替换成底色线 B 编织下针。

3　花样的第 1 行编织完成的状态。换线位置连接线团。

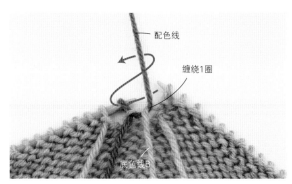

4　反面编织的行替换成配色线时，如图所示在底色线 B 和配色线的交界处缠绕 1 圈之后，编织上针。

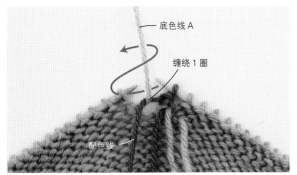

底色线 A

缠绕 1 圈

配色线

5 接着替换成底色线 A 时，同样缠绕 1 圈之后，编织上针。

6 花样的第 2 行已编织完成。底色线和配色线交界处的反面状态。

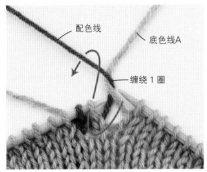

配色线

底色线A

缠绕 1 圈

7 正面编织的行替换成配色线时，如图所示在底色线 A 和配色线的交界处缠绕 1 圈之后，编织下针。

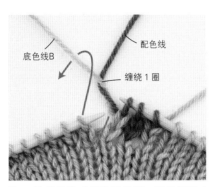

底色线 B

配色线

缠绕 1 圈

8 接着替换成底色线 B 时，同样缠绕 1 圈之后，编织下针。

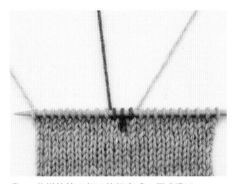

9 花样的第 3 行已编织完成。同步骤 4 ～ 8 一样，在每行底色线和配色线的交界处缠绕 1 圈，同时继续编织。

要点

缠绕在一起

✕

将织片翻到正面或反面时，如沿着同一方向转动，会导致线缠绕在一起。所以，织片应左右交替翻面。

配色编织线团

为了方便编织，将线分成小份缠绕备用。按纵向渡线换色的方法编织时，使用配色编织线团更方便。将分好的线团排开，避免相互缠绕。

● 科维昌编织的方法

底色线编织时在反面缠绕配色线，配色线编织时在反面缠绕底色线的编织方法。可形成厚实、坚韧的织片。缠绕的同时进行编织，针目容易变松。反面渡线变松之后，就会在正面露出，需要注意。

编织方法图

缠绕线的范围　　　□ = □ 下针

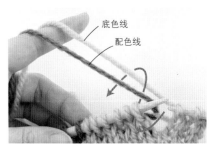

正面

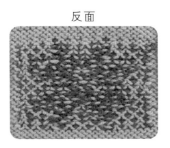
反面

下针编织的行

要点

至最初缠绕线的位置之后，添上配色线，如图所示将2根线挂于左手。

编织线朝上挂线，继续编织下针。

1　如箭头所示插入棒针，穿入配色线下方，底色线挂于棒针。

2　拉出底色线，编织下针。

3　下一个针目如箭头所示插入棒针，穿入配色线上方，将底色线挂于棒针。

4　拉出底色线，编织下针。

5　重复步骤1～4，用底色线编织必要针数。接着用配色线编织时，将底色线和配色线交换之后重新挂于左手。

6　如箭头所示插入棒针，插入底色线上方，将配色线挂于棒针。

7　拉出配色线，编织下针。

8　下一个针目如箭头所示插入棒针，穿入底色线下方，将配色线挂于棒针。

9　拉出配色线，编织下针。同样，逐针交替缠绕，按花样交换底色线和配色线，继续编织下针。

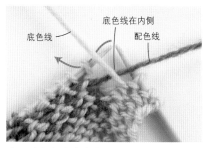

底色线　底色线在内侧　配色线

1　在行起点缠绕线时，使底色线靠近内侧，配色线避让至右侧。如箭头所示插入棒针，将底色线挂于棒针。

2　拉出底色线，编织上针（此时，配色线如松脱，会在正面露出）。

3　上针已编织完成。如箭头所示，将避让至右侧的配色线转动于左侧，之后避让至下方。

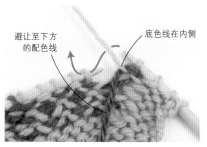

避让至下方的配色线　底色线在内侧

4　底色线靠近内侧，配色线避让至下方。如箭头所示插入棒针，底色线挂于棒针。

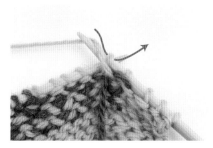

5　拉出底色线，编织上针。

6　上针已编织完成。如箭头所示，将避让至下方的配色线转动于上方，再次避让至右侧。

已避让至右侧的底色线

7　重复步骤1～6，用底色线编织必要针数之后，接着将底色线避让至右侧，用配色线编织上针。

配色线在内侧　避让至下方的底色线

8　下一个针目在配色线外侧将避让至右侧的底色线转动于左侧，避让至下方，编织上针。

9　同样，逐针交替缠绕，按花样交换底色线和配色线，继续编织上针。

10　从织片反面看的状态。

挑针方法

从织片中拉出线编出新的针目称为"挑针"。

● 基本起针的挑针

下针编织

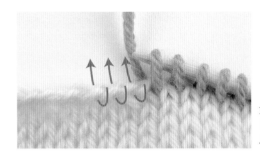

如箭头所示在针目和针目之间插入棒针，挂线后拉出。

上针编织

如箭头所示在针目和针目之间插入棒针，挂线后拉出。

● 伏针收针的挑针

下针编织

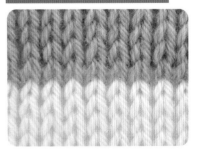

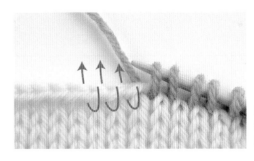

如箭头所示在最终行的针目中插入棒针，挂线后拉出。

上针编织

如箭头所示在最终行的针目中插入棒针，挂线后拉出。

● 织片侧面（行）的挑针

下针编织

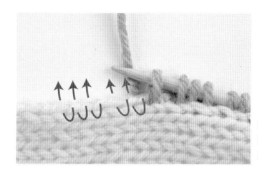

如箭头所示在侧边的针目和第2针之间插入棒针，挂线后拉出。

上针编织

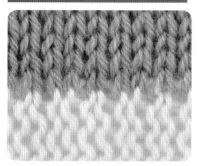

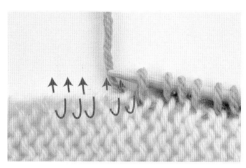

如箭头所示在侧边的针目和第2针之间插入棒针，挂线后拉出。

织片侧面（行）的挑针针数

挑针针数比织片行数少时，跳过行挑针。

为了使跳行的间隔尽可能均等，计算比例之后挑针。

按4行3针的比例挑针

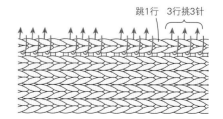

跳1行　3行挑3针

● 斜线的挑针

从减针或加针的斜线部分挑针的方法。
行的挑针基本从侧边内侧 1 针挑针。
但是，如果是减针或加针部分，则在内侧 1 针半挑针。

● = 挑针位置

减针的斜线

下针编织	上针编织	起伏针

内侧1针半

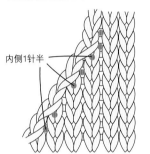

内侧1针半

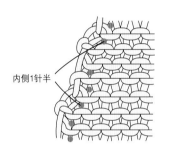

内侧1针半

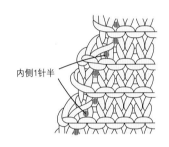

加针的斜线

下针编织	上针编织	起伏针

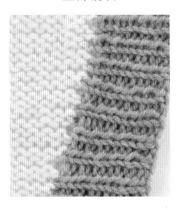

内侧1针半

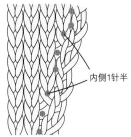

内侧1针半

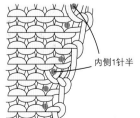

内侧1针半

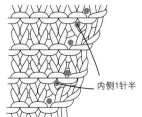

● 弧线的挑针

从减针或加针的弧线部分挑针的方法。

减针的弧线

下针编织

● = 挑针位置

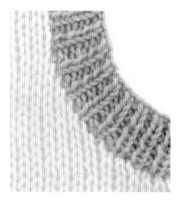

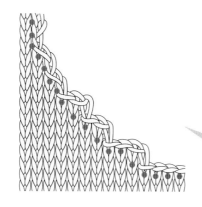

要点

袖窿、领窝等内侧弧线的挑针针数如果较多，会导致出现织片隆起的状态。所以，注意避免挑针过多。

上针编织

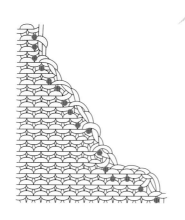

要点

下摆曲线等外侧弧线的挑针针数如果较少，会导致出现织片过紧的状态。也就是说，无法形成整齐的弧线。所以，注意避免挑针过少。

加针的弧线

下针编织

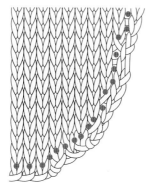

上针编织

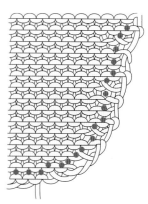

● 手套等拇指孔的挑针

〈拇指位置编入8针另线，挑针19针〉

主体

（编入另线）拇指位置

8针

拇指

从拇指位置挑针19针

1. 拇指位置编入另线

另线

8针

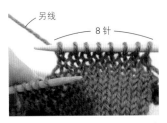

1　编至拇指位置之后，用另线编织8针下针。

2　将步骤1编好的8针移回左棒针。

3　在另线编好的针目上方，再次按下针编织。

4　继续编织主体。

2. 拇指位置挑针

另线

1　抽出拇指位置的另线（蒸汽熨斗熨烫之后抽出，针目不易松脱）。

2　另线已抽出的状态。

※ 使用5根针组编织说明。

3　在放大图内●标记处的针目中插入4根棒针。

4　下针编织下侧的8针（●）。
※ 为了方便识别，使用不同颜色的线。

拇指位置的放大图

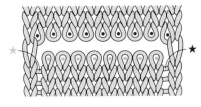

● ●=挑针
★ ★=按扭针加针的要领编织针目和针目之间的线

5　按扭针加针的要领，编织放大图内★标记处的线。

6　下针编织上侧的9针（●）。

7　按扭针加针的要领，编织放大图内★标记处的线。

8　拇指位置的针目已挑针19针。这就是拇指的第1行。

换线及接线的方法

中途线不够时，换新线的方法。

※ 为了方便识别，使用不同颜色的线。

● 换行时的换线方法

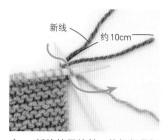 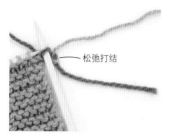 

1 新线挂于棒针，编织行最初的针目。

2 线头分别留约10cm，松弛打结1次，并用新线继续编织。

3 编织结束之后，步骤2的线结不解开。将线头分别穿入毛线缝针，在织片反面穿入4~5cm处理线头。

● 行中间的换线方法

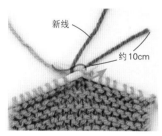 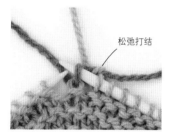 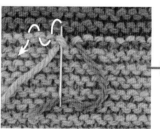

1 新线挂于棒针，编织下一个针目。

2 线头分别留约10cm，在织片反面松弛打结1次，并用新线继续编织。

3 编织结束之后，步骤2的线结不解开。将线头分别穿入毛线缝针，如箭头所示在织片反面穿入4~5cm处理线头。

● 蚊子结的接线方法

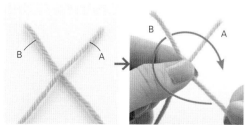 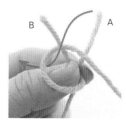 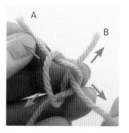 

1 如图所示,将之前编织的线头（A）和新线头（B）重合之后用左手拿起，如箭头所示将B线扭转1圈。

2 将A线的线头穿入步骤1形成的线环中。

3 如箭头所示，均匀收紧A、B线。

4 蚊子结完成。

针目修复方法

一时大意看错编织符号，或者针目滑落等，需要根据织片情况进行简单修复。

● 编织错误（下针）

发现几行之前的针目符号弄错时，
使用钩针修复。

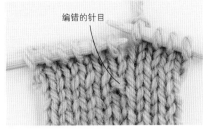

1　编织至编错针目的前1针所在列。

2　从左棒针中松开1针，针目解开至编错的行。

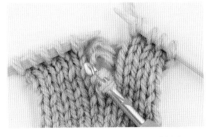

3　钩针插入编错的针目，挂上并拉出下一行解开的线。

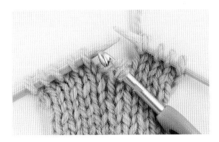

4　同样逐行挂上并拉出解开的线。

5　最后，将挂于钩针的针目移回左棒针。均成为下针。

● 针目滑落　　几行之前滑落1针时，通过以下任意方法进行处理。

钩针挑针重新起针的方法

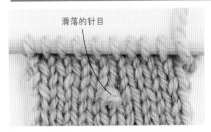

1　在从棒针上滑落之后未编织的针目中，插入钩针。

2　将左右针目向两侧撑开，用钩针将横向渡线逐行挂上并拉出，织出新的针目。

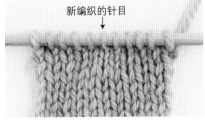

3　由于多了1列新编织的针目，针目稍紧。

反面穿入共线的处理方法　　※为了方便识别，使用不同颜色的线。

1　滑落的针目在反面露出。

2　在滑落的针目及其相邻针目中穿入共线，并打结。

3　将打结的线头藏入织片反面，处理线头（这种方法会减少1针）。

第4章　收尾处理

织片编织完成之后，接下来就是收尾处理。

下面介绍各种不同类型织片的收尾处理技巧。

经过收尾处理，作品效果全然不同，务必牢牢掌握。

收针方法

避免从编针中取下的针目被解开的技巧称之为"收针"。

根据织片及位置，分为多种收针方法。

 伏针收针

用织片编织终点的线收针。

几乎没有伸缩性，需要固定织片宽度时适用。

下针的伏针收针

1　编织2针下针。

2　左棒针插入第1针，如箭头所示盖住第2针。

3　重复"编织1针，用上一针盖住"。最后留约10cm线头，在插入棒针的线环中穿入线头之后收紧。

上针的伏针收针

1　编织2针上针。

2　左棒针插入第1针，如箭头所示盖住第2针。

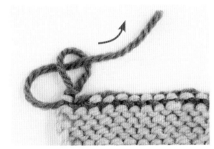

3　重复"编织1针，用上一针盖住"。最后留约10cm线头，在插入棒针的线环中穿入线头之后收紧。

单罗纹针的伏针收针

1　编织2针下针，将左棒针插入第1针之后如图所示转动，盖住第2针。

2　上针编织下一针，用上一针盖住。

3　重复"编织同最终行一样的针目（下针或上针），用上一针盖住"。最后留约10cm线头，在插入棒针的线环中穿入线头之后收紧。

🙁 2 针并 1 针的伏针收针

减针的同时伏针收针的方法。
此处，通过"左上 2 针并 1 针"进行说明。
实际上，也有"右上 2 针并 1 针"的伏针收针方法。

1 如箭头所示，将右棒针插入左棒针的 2 针中，编织下针。

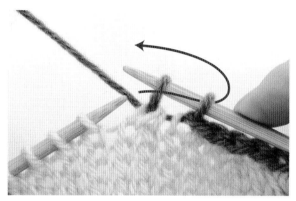

2 将左棒针插入上一针，如箭头所示转动，盖住第 2 针。

3 2 针并 1 针的伏针收针已完成。

使用钩针的伏针收针方法

也有左手拿着棒针，右手拿着钩针的伏针收针方法。
容易调整线的松紧程度，收针时需要收紧或放松的话，也可使用钩针。
此外，在伏针收针的同时编织边缘针的话，也可使用这种方法伏针收针。

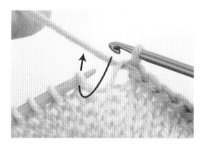

1 如箭头所示，将钩针插入棒针的针目中。

2 如箭头所示，钩针挂线之后一并引拔，从棒针中松开针目。

3 使用钩针的伏针收针已完成。同样，重复步骤 1、2。

● 单罗纹针收针

保持单罗纹针形状的收针方法。具有伸缩性,成品效果整齐。按收针尺寸 3 ～ 3.5 倍长度剪断线,穿入毛线缝针中收针。

往返编织(侧边为 1 针下针)

1 将毛线缝针插入最初 2 针,并从棒针上松开这 2 针。第 1 针从外侧插入,第 2 针从内侧插入。

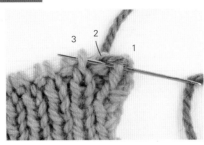

2 将毛线缝针插入第 1 针和第 3 针。从步骤 1 相反方向,插入第 1 针。

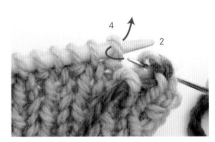

3 将毛线缝针插入第 2 针和第 4 针。从步骤 1 相反方向,插入第 2 针。

4 将毛线缝针插入第 3 针和第 5 针。从步骤 2 相反方向,插入第 3 针。

5 同步骤 3、4 一样,按上针和上针、下针和下针交替插入。每次插入时,线适度收紧。

6 如图所示,继续将毛线缝针插入最后 2 针,单罗纹针收针完成。

往返编织(侧边为 2 针下针)

1 将毛线缝针插入最初 2 针,并从棒针上松开这 2 针。

2 将毛线缝针插入第 1 针和第 3 针。从步骤 1 相反方向,插入第 1 针。

3 将毛线缝针插入第 2 针和第 4 针。从步骤 1 相反方向,插入第 2 针。

4 将毛线缝针插入第 3 针和第 5 针。从步骤 2 相反方向,插入第 3 针。同步骤 3、4 一样,按下针和下针、上针和上针交替插入。每次插入时,线适度收紧。

5 如图所示,在最后的上针之后,将毛线缝针插入左侧边的针目。

6 如图所示,继续将毛线缝针插入最后 2 针,单罗纹针收针完成。

环形编织

1 从外侧将毛线缝针插入第 1 针，并从棒针上松开这 1 针。

2 从内侧将毛线缝针插入第 2 针，并从棒针上松开这 1 针。

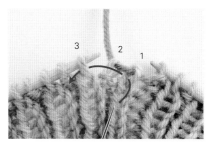

3 将毛线缝针插入第 1 针和第 3 针。从步骤 1 相反方向，插入第 1 针。

4 毛线缝针已插入状态。从棒针上松开第 3 针。

5 将毛线缝针插入第 2 针和第 4 针。从步骤 2 相反方向，插入第 2 针。
（为了方便识别，此处从棒针上松开第 4 针。）

6 毛线缝针已插入状态。插入时，线适度收紧。

7 同步骤 3 ~ 6 一样，按下针和下针、上针和上针交替插入。

8 一圈完成之后，如图所示将毛线缝针插入最后的下针和第 1 针。

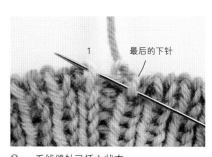

9 毛线缝针已插入状态。

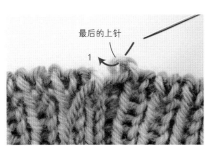

10 接着，从外侧将毛线缝针插入最后的上针。

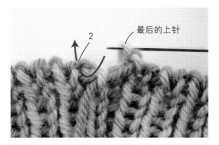

11 最后同步骤 2 一样，将毛线缝针插入第 2 针。将线拉出之后轻轻收紧，线头穿入织片反面。

12 单罗纹针收针完成。

● 双罗纹针收针

保持双罗纹针形状的收针方法。具有伸缩性,成品效果整齐。按收针尺寸 3 ~ 3.5 倍长度剪断线,穿入毛线缝针中收针。

往返编织(侧边为 2 针下针)

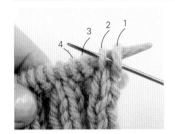
1 将毛线缝针插入最初 2 针,并从棒针上松开这 2 针。

2 将毛线缝针插入第 1 针和第 3 针。从步骤 1 相反方向,插入第 1 针。

3 将毛线缝针插入第 2 针和第 5 针。从步骤 1 相反方向,插入第 2 针。

4 将毛线缝针插入第 3 针和第 4 针。从步骤 2 相反方向,插入第 3 针。

5 将毛线缝针插入第 5 针和第 6 针。从步骤 3 相反方向,插入第 5 针。

6 将毛线缝针插入第 4 针和第 7 针。从步骤 4 相反方向,插入第 4 针。

7 重复步骤 3 ~ 6,按下针和下针、上针和上针交替插入。每次插入时,线适度收紧。

8 如图所示,继续将毛线缝针插入最后的上针和最后的下针,双罗纹针收针完成。

往返编织(侧边为 3 针下针)

1 将毛线缝针插入最初 3 针,并从棒针上松开这 3 针。

2 从步骤 1 相反方向,将毛线缝针插入第 2 针和第 1 针。接着,将毛线缝针插入第 4 针。

3 将毛线缝针插入第 3 针和第 6 针。从步骤 1 相反方向,插入第 3 针。

4 将毛线缝针插入第 4 针和第 5 针。从步骤 2 相反方向,插入第 4 针。

5 将毛线缝针插入第 6 针和第 7 针。从步骤 3 相反方向,插入第 6 针。

6 将毛线缝针插入第 5 针和第 8 针。从步骤 4 相反方向,插入第 5 针。

7 重复步骤 3 ~ 6,按下针和下针、上针和上针交替插入。每次插入时,线适度收紧。

8 如图所示,继续将毛线缝针插入最后 2 针,双罗纹针收针完成。

环形编织

1 从内侧将毛线缝针插入第1针，并从棒针上松开这1针。

2 从外侧将毛线缝针插入第2针（尚未从棒针上松开这1针）。

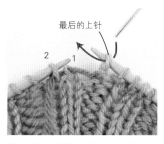

3 将毛线缝针插入最后的上针（完成一圈之前，不将最后的上针从棒针上松开）。

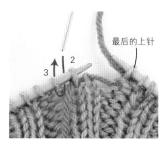

4 将毛线缝针插入第3针。

5 将毛线缝针插入第2针，并从棒针上松开这1针。从步骤2相反方向插入。

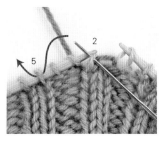

6 将毛线缝针插入第5针。

7 将毛线缝针插入第3针，并从棒针上松开这1针。从步骤4相反方向插入。

8 将毛线缝针插入第4针（尚未从棒针上松开这1针）。

9 将毛线缝针插入第5针和第6针。从步骤6相反方向，插入第5针。

10 将毛线缝针插入第4针，并从棒针上松开这1针。从步骤8相反方向插入。

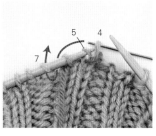

11 将毛线缝针插入第7针（此后，第5针也从棒针上松开）。

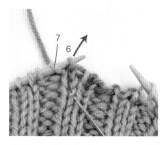

12 同样重复步骤5～11，按下针和下针、上针和上针交替插入。

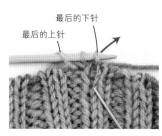

13 一圈完成之后，将毛线缝针插入最后的下针，并从棒针上松开这1针。

14 如箭头所示，将毛线缝针插入第1针。从步骤1相反方向插入。

15 如箭头所示，将毛线缝针插入最后的2针上针。

16 双罗纹针收针完成。

● 收口收针

线穿入最终行的针目，拉紧线收口收针的方法。用于帽子的帽顶、手套的指尖等收针。

全针目穿线收口方法

最终行留在棒针的针数并不多时，全针目穿线2周收口。

※ 为了方便识别，使用不同颜色的线。

1　编织终点的线头留约30cm，并插入毛线缝针。※ 根据织片宽度，调整剩余线的长度。

2　在挂于棒针的针目中，插入毛线缝针。

3　针目不从棒针上松开，所有针目插入毛线缝针一圈。此时，尚未收紧线。

要点

插入毛线缝针时，注意避免线被劈开。如果线被劈开之后插入，之后可能难以收紧线。

○　线未被劈开的完整插入

×　线被劈开

4　第2圈，从棒针上松开针目的同时，同样插入所有针目。

5　穿线2圈已完成。

6　将第1圈穿入的线拉出收口。

7　拉出线头，将第2圈穿入的线拉出收口。

8　收口完成。

9　最后从中央的孔中插入毛线缝针，并在反面出针，再将剩余线头穿入织片反面5～6cm。

隔1针分2次穿线收口方法

最终行留在棒针的针数较多时，分2次穿线收口。

※ 为了方便识别，使用不同颜色的线。

1 编织终点的线头留约70cm，并插入毛线缝针。
※ 根据织片宽度，调整剩余线的长度。

2 看着织片反面，隔1针用毛线缝针挑起棒针上的针目。挑起的针目尚未从棒针上松开。

3 隔1针挑针已完成一圈。此时，尚未收紧线。

4 第2圈看着织片正面，隔1针挑针第1圈未插入的针目。

5 已插入毛线缝针的针目，逐个从棒针上松开。

6 所有针目均穿线完成。

7 将第1圈（内侧）穿入的线拉出收紧，堵住孔。

8 接着，拉出线头，用力收紧第2圈（外侧）的线。

9 收口完成。

10 最后从中央的孔中插入毛线缝针，并将剩余线头送入反面，用毛线缝针将最终行的针目挑针2针左右。

11 毛线缝针的针尖绕线2~3圈，打结。

12 剩余线头穿入织片反面5~6cm。

要点 针数多时，收口的线容易松散，需要打结。

针目的连接方法

这里介绍的是将两片织片的针目和针目（或针目和行）连接在一起的方法。

根据织片的情况，采用合适方法将其连接即可。

● 盖针接合

需要接合尺寸 5 ~ 6 倍长度的线。

1　将织片正面对合，钩针插入内侧织片的针目。继续将钩针插入外侧的针目，从棒针上松开之后，如箭头所示拉出。

2　从内侧针目中拉出外侧针目的状态。

3　内侧针目也从棒针上松开。外侧针目穿入内侧针目中。

4　将线挂于钩针，如箭头所示引拔。

5　引拔完成的状态。接着，如箭头所示插入钩针。

6　同步骤 1 ~ 3 一样，从内侧针目中拉出外侧针目。

7　挂线于钩针，如箭头所示一并引拔。

8　已引拔完成的状态。

9　同样重复步骤 5 ~ 7，进行接合。

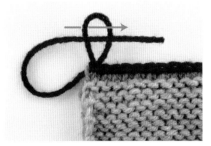

10　最后留约10cm线头，穿入线环中收紧。

11　盖针接合已完成。

正面的接合状态。

使用3根棒针盖针接合方法

1　将织片正面对合，第3根棒针插入内侧织片的针目。并且，如箭头所示，继续将棒针插入外侧的针目。

2　从外侧棒针上松开针目之后，如箭头所示从内侧针目中拉出。

3　内侧针目也从棒针上松开。外侧针目穿入内侧针目中。

4　继续从内侧针目中拉出外侧针目。

5　所有针目均已移至第3根棒针。

6　下针编织右侧边的2针，用第1针盖住第2针。

7　已完成盖针的状态。

8　重复"编织1针上针，用上一针盖住"。

● 引拔接合

需要接合尺寸 5 ~ 6 倍长度的线。

1　将织片正面对合，如箭头所示将钩针插入侧边各针目，并从钩针上松开针目。

2　将线挂于钩针，如箭头所示引拔。

3　引拔完成的状态。如箭头所示将钩针插入下一针目，并从棒针上松开此针目。

4　将线挂于钩针，如箭头所示一并引拔。

5　引拔完成的状态。

6　重复步骤 3 ~ 5，钩针插入 2 片织片，一并引拔接合。

7　最后留约 10cm 线头，穿入线环中收紧。

8　引拔接合已完成。

正面的接合状态。

● 下针编织无缝缝合（连接休针的针目）

将线剪成缝合尺寸约3倍长度。

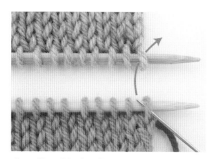

1 将两片织片对齐，从正面缝合。线穿入毛线缝针，如图所示毛线缝针分别插入侧边各针目。

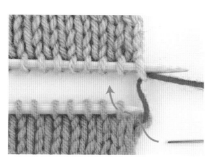

2 如箭头所示，将毛线缝针插入内侧织片第1针和第2针。第1针从棒针上松开，从步骤1相反方向插入毛线缝针。

3 接着，如箭头所示，插入外侧第1针和第2针。从步骤1相反方向，插入第1针。

4 插入内侧第2针和第3针。从步骤2相反方向，插入第2针。

5 同样，将毛线缝针交替插入外侧和内侧的针目。线不得拉收过紧，以缝合针迹为下针的状态，松松地缝合。

6 最后，插入外侧织片的外半针。

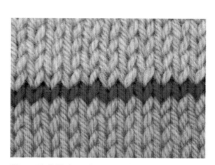

7 缝合针迹形成1行下针编织。

● **下针编织无缝缝合（一侧为基本起针的针目）**　将线剪成缝合尺寸约3倍长度。

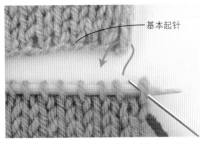

1　将两片织片对齐，从正面缝合。线穿入毛线缝针，如图所示毛线缝针分别插入侧边各针目。

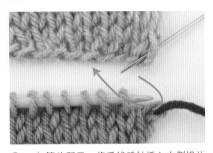

2　如箭头所示，将毛线缝针插入内侧织片第1针和第2针。第1针从棒针上松开，从步骤1相反方向插入毛线缝针。

3　接着，如箭头所示，插入外侧第2针。

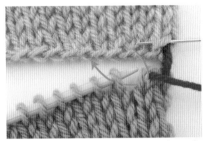

4　插入内侧第2针和第3针。从步骤2相反方向，插入第2针。

5　继续交替插入，下针编织起针行的同时缝合。

6　最后，插入内侧织片的外半针。缝合针迹形成1行下针编织。

● **下针编织无缝缝合（一侧为伏针收针的针目）**　将线剪成缝合尺寸约3倍长度。

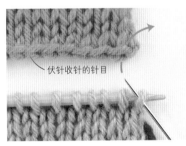

1　将两片织片对齐，从正面缝合。线穿入毛线缝针，如图所示毛线缝针分别插入侧边各针目。

2　如箭头所示，将毛线缝针插入内侧织片第1针和第2针。第1针从棒针上松开，从步骤1相反方向插入毛线缝针。

3　接着，如箭头所示，插入外侧第1针和第2针。

4　插入内侧第2针和第3针。

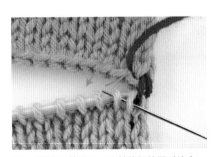

5　继续交替插入，下针编织的同时缝合。

6　最后，插入外侧织片的外半针。缝合针迹形成1行下针编织。

● 上针编织缝合　将线剪成缝合尺寸约3倍长度。

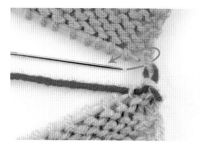

1　将两片织片对齐，从正面缝合。线穿入毛线缝针，如图所示毛线缝针分别插入侧边各针目。

2　如箭头所示，将毛线缝针插入内侧织片第1针和第2针。第1针从棒针上松开，从步骤1相反方向插入毛线缝针。

3　接着，如箭头所示，插入外侧第1针和第2针。

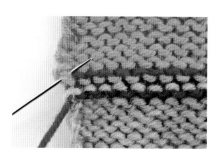

4　插入内侧第2针和第3针。

5　继续交替插入，上针编织的同时缝合。

6　最后，插入外侧织片的外半针。缝合针迹形成1行上针编织。

● 起伏针缝合　将线剪成缝合尺寸约3倍长度。

※ 如果一片织片的最终行为上针，另一片的最终行为下针，使用此种方法缝合时起伏针的花样能够整齐连接。

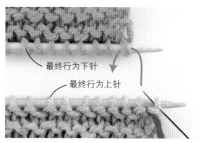

最终行为下针
最终行为上针

1　将两片织片对齐，从正面缝合。线穿入毛线缝针，如图所示毛线缝针分别插入侧边各针目。

2　如箭头所示，将毛线缝针插入内侧织片第1针和第2针。第1针从棒针上松开，从步骤1相反方向插入毛线缝针。

3　接着，如箭头所示，毛线缝针插入外侧第1针和第2针。

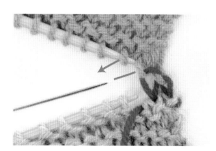

4　毛线缝针插入内侧第2针和第3针。

5　外侧针目按上针编织缝合要领，内侧针目按下针编织无缝缝合要领，继续交替插入缝合。

6　最后，毛线缝针插入外侧织片的外半针。缝合针迹形成1行起伏针。

● 缝合针目和行（一侧为休针的针目）

将线剪成缝合尺寸约3倍长度。

※ 针目按下针编织无缝缝合（参照 p.97）要领，行按挑针缝合（参照 p.102）要领，插入毛线缝针进行缝合。

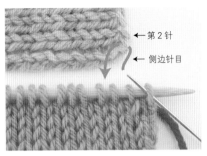

← 第2针
← 侧边针目

1　将两片织片对齐，从正面缝合。线穿入毛线缝针，毛线缝针插入内侧织片第1针之后，如箭头所示插入外侧的侧边针目和第2针之间。

2　如箭头所示，将毛线缝针插入内侧第1针和第2针。第1针从棒针上松开，从步骤1相反方向插入毛线缝针。

3　挑起外侧的行。如箭头所示，挑起侧边针目和第2针之间的沉降弧（参照p.14）。

4　将毛线缝针插入内侧第2针和第3针。接着，如箭头所示挑起外侧的行。根据缝合尺寸，调节外侧织片的挑针行数（图中为挑针2行的状态）。

5　将毛线缝针插入内侧的第3针和第4针。同样，将毛线缝针交替插入外侧的行和内侧的针目。

6　线不得拉收过紧，以缝合针迹为下针的状态，松松地缝合。

7　缝合针迹形成1行下针编织。

● 缝合针目和行（一侧为基本起针的针目）　将线剪成缝合尺寸约3倍长度。

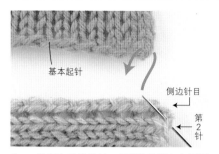

1　线穿入毛线缝针，毛线缝针插入内侧织片的侧边针目和第2针之间，再插入外侧织片第1针。

2　挑起内侧的行。如箭头所示，挑起侧边针目和第2针之间的沉降弧（参照p.14）。

3　接着，如箭头所示，毛线缝针穿入外侧的第2针。

4　如箭头所示，挑起内侧的行。

5　继续交替插入，下针编织起针行的同时缝合。

6　线不得拉收过紧，松松地缝合。缝合针迹形成1行下针编织。

● 缝合针目和行（一侧为伏针收针的针目）　将线剪成缝合尺寸约3倍长度。

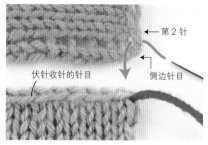

1　线穿入毛线缝针，从内侧织片第1针中拉出线，如箭头所示将渡于外侧的侧边针目和第2针之间的线挑起。

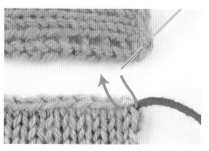

2　如箭头所示，将毛线缝针插入内侧第1针和第2针。

3　挑起外侧的行。如箭头所示，挑起侧边针目和第2针之间的沉降弧（参照p.14）。

4　如箭头所示，将毛线缝针插入内侧第2针和第3针。

5　继续交替插入，下针编织的同时缝合。

6　线不得拉收过紧，松松地缝合。缝合针迹形成1行下针编织。

行与行的连接方法

这里介绍的是将两片织片的行与行连接在一起的方法。
下面，通过多种织片对常用的挑针缝合方法进行说明。

● 挑针缝合（下针编织）

将线剪成缝合尺寸 1.5 ~ 2 倍长度。

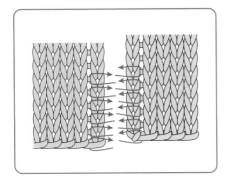

1　将两片织片对齐，从正面缝合。线穿入毛线缝针，如箭头所示将毛线缝针插入左侧针目。

2　如箭头所示，挑起右侧的侧边针目和第2针之间的沉降弧（参照 p.14）。

3　如箭头所示，挑起左侧的侧边针目和第2针之间的沉降弧。

4　逐行交替挑起左右织片的沉降弧。

5　实际缝合中，将线轻轻收紧至看不见缝合线的程度。

6　缝合部分的正面状态。

● 挑针缝合（上针编织）

将线剪成缝合尺寸 1.5 ~ 2 倍长度。

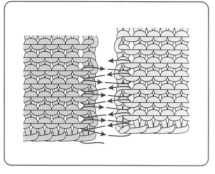

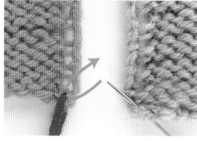

1　将毛线缝针插入左侧织片的侧边针目和第 2 针之间，如箭头所示挑起右侧织片的侧边针目和第 2 针之间的沉降弧（参照 p.14）。

2　如箭头所示，挑起左侧的侧边针目和第 2 针之间的沉降弧。

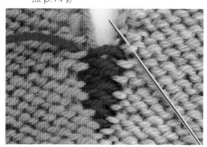

3　同样，逐行交替挑起左右织片的沉降弧。

4　实际缝合中，将线轻轻收紧至看不见缝合线的程度。

5　缝合部分的正面状态。

● 挑针缝合（起伏针）

将线剪成缝合尺寸 1.5 ~ 2 倍长度。

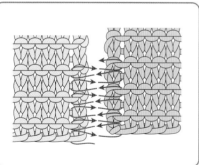
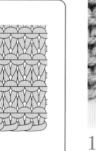

1　将毛线缝针插入左侧织片的侧边针目和第 2 针之间，如箭头所示挑起右侧的侧边针目和第 2 针之间的沉降弧（参照 p.14）。

2　如箭头所示，挑起左侧的侧边针目和第 2 针之间的沉降弧。

3　逐行交替挑起左右织片的沉降弧。

4　实际缝合中，将线轻轻收紧至看不见缝合线的程度。

5　缝合部分的正面状态。

扣眼和纽扣

● **扣眼**　扣眼的制作方法，分为在编织过程中制作扣眼的方法，以及编织完成之后再制作扣眼的方法。

挂针扣眼（编织 ⧄○ 制作扣眼的方法）

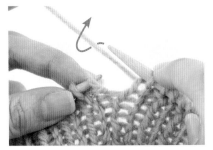

1　如箭头所示转动棒针挂线，制作挂针。

2　接着,左上2针并1针编织之后的2针。

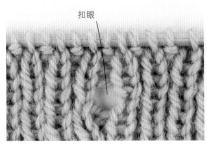

3　挂针部分成为扣眼。

硬开扣眼（编织完成之后再制作扣眼的方法）

1　用毛线缝针挑起需要开扣眼位置的针目。

2　扯动毛线缝针，撑大线圈。

3　继续用手指将针目撑大。

4　将撑大的针目当扣眼使用，这就是硬开扣眼。

在硬开扣眼处做扣眼绣

硬开扣眼容易慢慢收缩变小，可以在扣眼周围用共线绣一周扣眼绣，使其定型。

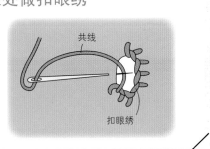

● 纽扣的缝法

缝接纽扣时，使用编织线。但是，编织线太粗时，可使用"劈线"（也叫"分股线"）。
如编织线不够强韧，也可使用缝纽扣或锁扣眼的专用线。

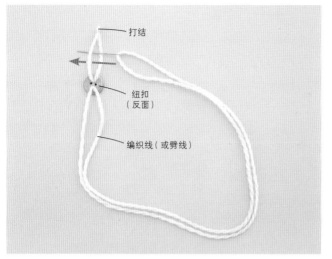

打结

纽扣
（反面）

编织线（或劈线）

1　将编织线（或劈线）穿入毛线缝针之后打结，并穿入纽扣中。

※ 为了方便识别，这里使用了和编织线颜色不同的线。

2　将纽扣缝在指定位置。

3　将线缠绕于织片和纽扣之间。（根据织片厚度，调整缠绕圈数。）

线柱　　　与织片厚度相同

4　根据织片厚度，确定线柱的高度，最后在反面打结。

劈线

解开编织线的捻线，留下粗细合适的股数，拔出多余的捻线，再将剩余捻线重新捻合。

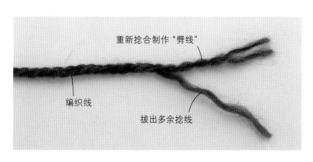

重新捻合制作"劈线"

编织线

拔出多余捻线

如编织线不够强韧，也可使用缝纽扣或锁扣眼的专用线。

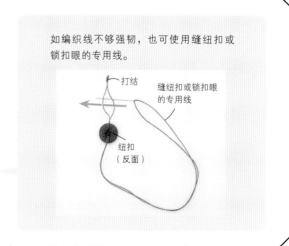

打结

缝纽扣或锁扣眼的专用线

纽扣
（反面）

处理线头

对于编织起点、编织终点、接线等留下的线头，使用毛线缝针将其穿入织片反面进行处理。

● 织片侧边线头

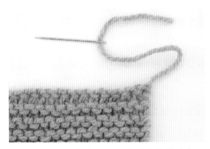

1　将编织起点或编织终点剩余的线头穿入毛线缝针。

2　在织片侧边，穿入反面5～6cm。

3　在织片边缘，剪断剩余线头。

● 织片中间线头

1　将线头穿入毛线缝针，如箭头所示在织片反面穿入5～6cm。

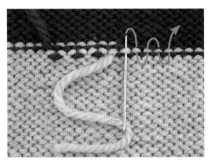

2　另一侧线头同样处理，在对称侧穿入5～6cm。

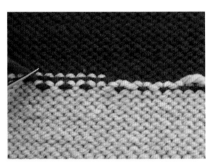

3　在织片边缘，剪断剩余线头。

毛线缝针的穿线技巧

编织线由多根捻线捻合制作而成，即使从线头侧穿入毛线缝针，线也可能被劈开，导致无法顺利穿线。
通过以下方法，就能顺利穿线。

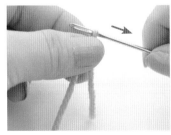

1　将线对折之后夹住毛线缝针，手指捏紧夹住位置，如箭头所示拉动毛线缝针。

2　如箭头所示，捏紧毛线的折点将其穿入毛线缝针的针鼻儿。

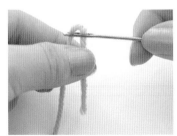

3　穿线完成状态。从折点穿入，线不易劈开，能够顺利完成穿线。

熨烫

织片编织完成之后，在反面用蒸汽熨斗熨烫使针目保持整齐、美观。

※ 熨烫之前，必须确认毛线标签上的熨烫处理标识。

1　准备蒸汽熨斗和熨烫台。

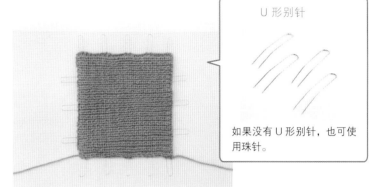

U 形别针

如果没有 U 形别针，也可使用珠针。

2　将编好的织片反面朝上，放在熨烫台上。调整织片形状，在各处用 U 形别针将织片固定于熨烫台，熨烫更整齐。

如果熨斗直接接触织片，会破坏针目的弹性和手感，需要特别注意。

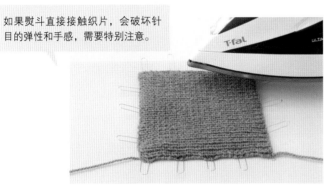

3　熨斗不直接贴着织片，悬空隔开约 3cm，蒸汽熨烫织片整体。熨烫完成之后，静置等待一会儿，织片放凉之后取下 U 形别针。

4　接合或缝合的作品在完工之后，需要从反面对接合或缝合部位充分蒸汽熨烫。

衣服的熨烫方法

烫袖凳

熨烫前

熨烫后

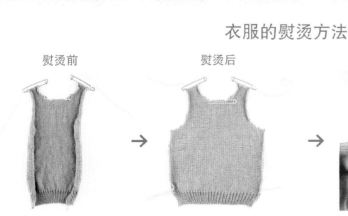

接合或缝合之前，对各部分进行重复熨烫，不仅更易于接合或缝合，还能使作品的成品效果更加美观。所以，这个步骤一定要仔细处理。

接合或缝合完成之后，进行成品熨烫。衣服等作品呈立体形状，如果用上烫袖凳，会使各接合或缝合部位更容易蒸汽熨烫。

其他技巧

下面介绍主要用于作品装饰的技法。
掌握这些技巧，使编织更容易。

● 下针编织刺绣　　制作独立小花样时，在下针编织针目中进行刺绣的方法。

横向刺绣

1　从刺绣针目下方1行的针目的反面
　　插入毛线缝针，并从正面出针。

2　挑起刺绣针目上方1行的针目。

3　在步骤1出针的位置插入毛线缝
　　针，并从左侧1针的针目出针。

4　挑起刺绣针目上方1行的针目。

5　在步骤3出针的位置插入毛线缝
　　针，并从左侧1针的针目出针。继
　　续从右至左刺绣。

纵向刺绣

1　从刺绣针目下方1行的针目的反面插
　　入毛线缝针，并从正面出针。

2　挑起刺绣针目上方1行的针目。

3　在步骤1出针的位置插入毛线缝
　　针，并从正上方的行出针。

4　挑起刺绣针目上方1行的针目。

5　在步骤3出针的位置插入毛线缝
　　针，并从正上方的行出针。继续从
　　下向上刺绣。

朝斜上方刺绣

1　从刺绣针目下方 1 行的针目的反面插入毛线缝针，并从正面出针。

2　挑起刺绣针目上方 1 行的针目。

3　在步骤 1 出针的位置插入毛线缝针，并从左侧 1 针或上方 1 行的针目出针。

4　挑起刺绣针目上方 1 行的针目。

5　在步骤 3 出针的位置插入毛线缝针，并从左侧 1 针或上方 1 行的针目出针。继续朝着左上方刺绣。

朝斜下方刺绣

1　从刺绣针目下方 1 行的针目的反面插入毛线缝针，并从正面出针。

2　挑起刺绣针目上方 1 行的针目。

3　在步骤 1 出针的位置插入毛线缝针，并从左侧 1 针或下方 1 行的针目出针。

4　挑起刺绣针目上方 1 行的针目。

5　在步骤 3 出针的位置插入毛线缝针，并从左侧 1 针或下方 1 行的针目出针。继续朝着左下方刺绣。

● 穗饰连接方法

※ 为了方便识别，织片和穗饰使用了不同的颜色。

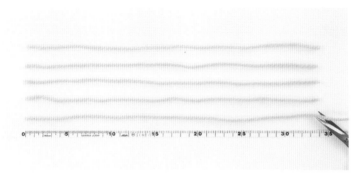

1　将穗饰线剪成指定长度，并准备所需根数（1束所需线根数 × 穗饰数量）。

2　将1束所需数量的穗饰线对折。

3　在连接穗饰的针目中，从织片反面插入钩针，并从正面出针。

4　将对折的穗饰线一起挂在钩针上，如箭头所示拉出至反面。

5　如箭头所示，在已拉出至反面的线环中，穿入线头。

6　如箭头所示，拉紧线头。

7　已连接1处穗饰。

指定长度

8　连接所有穗饰之后，将线头按指定长度修剪整齐。

● 绒球制作方法

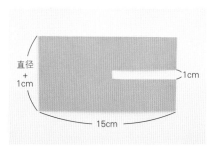

1 将厚纸剪成如图所示形状。

2 在厚纸的左半部分，将线按指定圈数缠绕。

3 按指定圈数缠绕完成，将线团侧的线剪断。

※ 为了方便识别，使用不同颜色的线。

4 将缠绕好的线移动至厚纸的右半部分。

5 将 2 根 40 ~ 50cm 的共线，穿入厚纸的切口，在缠绕好的线上绕线 2 圈，用力收紧之后打结 2 次。

6 从厚纸上取下缠绕好的线。

如果线不够强韧，可以不用共线，换用结实的风筝线等打结。

7 将缠绕好的线的上下线环部分，用剪刀剪开。

8 将线头修剪整齐，使其达到指定直径。此时，注意不要剪断中央打结的线。

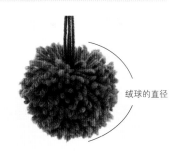

9 绒球已制作完成。使用中央打结的线，缝接于帽子的帽顶等。

2 根一组制作绒球

将 2 根线对齐，同样在厚纸上缠绕指定圈数之后制作绒球。

（用 2 根以上的线制作绒球的方法相同）

 →

● **流苏制作方法**

※ 为了方便识别，使用不同颜色的线。

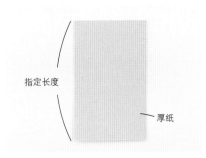

指定长度

厚纸

1 将厚纸剪成指定长度。

2 按指定圈数将线缠绕于厚纸上。

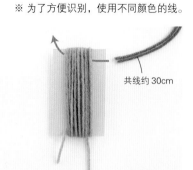

共线约30cm

3 按指定圈数缠绕完成，将线剪断。将2根30cm的共线穿入缠绕好的线和厚纸之间，并在上方打结2次。

4 已用力打结2次。

5 从厚纸上取下缠绕好的线。

指定尺寸   共线约30cm

6 将2根30cm的共线在上方指定位置缠绕2~3圈，用力收紧之后打结2次。

7 将缠绕好的线的下侧线环部分，用剪刀剪开。

指定尺寸

8 将步骤6打结的线也对齐，按指定尺寸将线头修剪整齐。此时，注意不要剪断上方打结的线。

9 流苏已制作完成。使用上方打结的线，缝接于织片等。

第 5 章　编织作品

掌握基本技巧之后，开始尝试编织作品吧。

通过实际编织作品，让自己更快熟悉棒针编织。

本章中，介绍使用基本针法编织的作品。

参考前几章中介绍的编织方法和下一章的编织符号，动手编织吧。

A

起伏针编织的围脖

等针直编，缝合侧边，就完成了这款起伏针围脖。
基本的下针和上针符号交替排列而成的织片，只需
按下针编织。所以，这是初学者喜闻乐见的设计。

设计 / 和田美雪
使用线 / 和麻纳卡 Sonomono Alpaca Lily

编织方法
124页

桂花针编织的暖腿套

1 针 1 行交替编织下针和上针的桂花针暖腿套。并且，每 2 行替换颜色，形成条纹配色效果。等针直编成环状，穿口部位采用富有弹性的单罗纹针。

编织方法
125页

B

设计 / 北原纱耶香
使用线 / 和麻纳卡 Mens Club MASTER

编织方法
126页

C

费尔岛花样的暖手套

使用 8 种颜色的线编织色彩细腻的费尔岛花样暖手套。体验配色编织
乐趣，掌握新技能。由于采用环形编织，始终看着正面确认花样即可。

设计 / 风工房
使用线 / 和麻纳卡 Amerry

叶片花样的围巾

随意裹在肩上,尽显优雅、精致的叶片花样大围巾。叶片花样使用挂针、上针、下针、3针并1针、2针并1针编织而成,出乎意料的简单。编织起点和编织终点为起伏针,简洁美观。

设计 / 和田美雪
使用线 / 达摩手编线 Merino 中粗

D

编织方法
128页

编织方法
129页

E-1

E-2

罗纹针编织的帽子

重复编织 2 针下针、2 针上针的双罗纹针帽子。伸缩性十足的织片，舒服又保暖。等针直编成筒状，帽顶采用分散减针，将剩余针目收口之后成形。E-1 为条纹配色款，E-2 为纯色加绒球的设计。

设计 / 高桥沙绘
使用线 / 达摩手编线 Merino 中粗

编织方法
134页

F

阿兰花样的围巾

这是一款三股编的麻花针和枣形针装饰的生命树组合而成的阿兰
花样围巾。笔直的花样，编织过程却又妙趣横生。中途改变颜色
的设计，新颖独特！纯色编织、条纹配色，都能呈现精美效果。

设计 / 高桥素子
使用线 / 达摩手编线 Merino 极粗

G

编织方法
130页

麻花花样的背心

中央加入麻花花样，简洁却不单调的灰色圆领背心。
麻花花样之间，加入 1 针交叉针。使用高品质的羊驼

绒混纺羊毛线，色泽自然，穿着舒适。

设计 / 镰田惠美子

使用线 / 和麻纳卡 Sonomono Alpaca Wool

H

根西花样的背心

下针和上针组合编织的根西花样，是历史悠久的传统花样之一。这款设计独特的背心，
下方采用简洁的下针编织，育克风格的织片上方加入花样。缝合无加减针的两片方形
织片即可，初学者也能轻松编织。

设计 / 风工房
使用线 / 和麻纳卡 Aran Tweed

北欧风配色花样的荷包

使用圆形加十字形的配色花样，编织北欧风的扁平荷包。
巧妙使用 4 色搭配。编织成环状，底部下针编织无缝缝合，
包口缝接拉链，容易编织又方便使用。

设计 / 镰田惠美子
使用线 / 达摩手编线 Shetland Wool

编织方法
123页

122页 Ⅰ 北欧风配色花样的荷包

*使用线
达摩手编线 Shetland Wool
原白色(1) 10g
玫瑰粉色(4) 10g
薄荷绿色(7) 10g
海蓝色(11) 10g

*其他材料
拉链(16cm) 1根

*工具
4根针组 5号

*编织密度(10cm×10cm面积内)
配色花样 21.5针 26.5行

*成品尺寸
高14.5cm 宽18.5cm

*编织方法
1. 基本起针(环形编织),按配色花样(横向渡线换色的方法)、
   起伏针将荷包编织成环状。
2. 对齐☆和★,下针编织无缝缝合。
3. 缝接拉链。

※配色参照编织方法图。

荷包
5号针

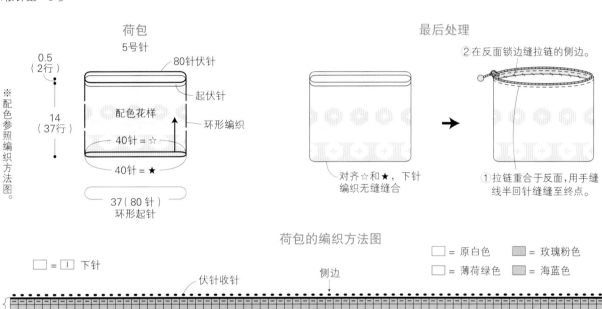

0.5
(2行)

80针伏针
起伏针
配色花样
环形编织

14
(37行)

40针 = ☆
40针 = ★

37(80针)
环形起针

最后处理

②在反面锁边缝拉链的侧边。

对齐☆和★,下针
编织无缝缝合

①拉链重合于反面,用手缝
线半回针缝缝至终点。

荷包的编织方法图

□ = [l] 下针

□ = 原白色　■ = 玫瑰粉色
□ = 薄荷绿色　■ = 海蓝色

伏针收针　　侧边　　　　　　　　　　　侧边

起伏针

配色花样

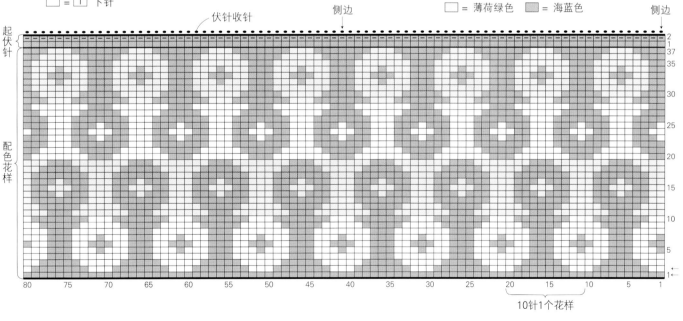

80　75　70　65　60　55　50　45　40　35　30　25　20　15　10　5　1

2
1
37
35

30

25

20

15

10

5

1

10针1个花样

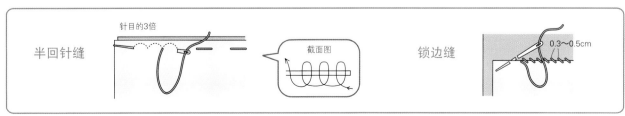

半回针缝　　针目的3倍　　截面图　　锁边缝　　0.3~0.5cm

114页 A 起伏针编织的围脖

*使用线
和麻纳卡 Sonomono Alpaca Lily
米色(112)65g

*工具
带堵头的2根针组　10号

*编织密度(10cm×10cm面积内)
起伏针　17.5针　34行

*成品尺寸
周长62cm　宽19.5cm

*编织方法
1. 基本起针,按起伏针编织围脖,伏针收针。
2. 挑针缝合织片的两边。

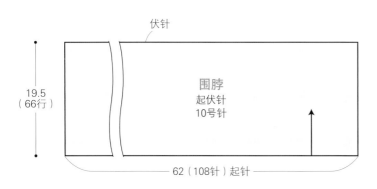

伏针

围脖
起伏针
10号针

19.5
(66行)

62(108针)起针

最后处理

挑针缝合两边

围脖的编织方法图

□ = [I] 下针

伏针收针

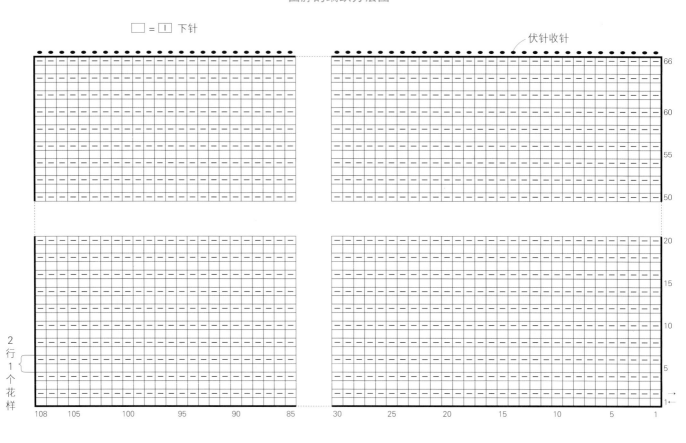

2行1个花样

115页 B 桂花针编织的暖腿套

＊使用线
和麻纳卡 Mens Club MASTER
浅米色（27）70g
绿色（65）55g

＊工具
4根针组　10号、12号、15号

＊编织密度（10cm×10cm面积内）
编织花样（10号针）　13针　26行
编织花样（12号针）　12针　25行
编织花样（15号针）　11.5针　23.5行

＊成品尺寸
长35cm

＊编织方法
基本起针（环形编织），按编织花样、单罗纹针将暖腿套编织成环状，单罗纹针收针。

□ = 「I」下针
Ⓡ = 扭针加针（上针）
□ = 浅米色
□ = 绿色

暖腿套
（2片）

单罗纹针收针

3.5（6行）
　加针至36针
　单罗纹针
　浅米色
30（35针）　15号针

11（26行）　编织花样　15号针

10.5（26行）　编织花样　12号针　环形编织

10（26行）　编织花样　10号针

27（35针）
环形起针

※编织花样的配色参照编织方法图。

单罗纹针
2针1个花样

暖腿套的编织方法图

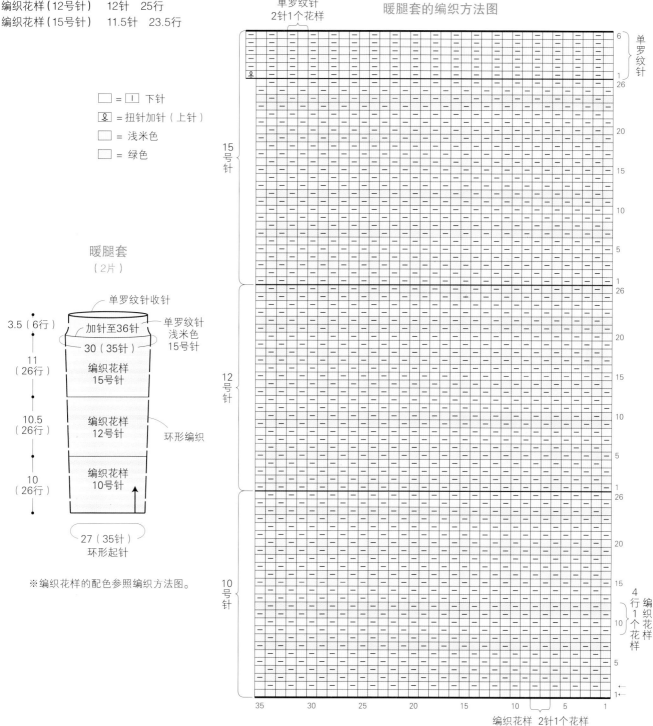

单罗纹针

15号针

12号针

10号针

4行1个花样　编织花样

编织花样　2针1个花样

116页 C 费尔岛花样的暖手套

＊使用线
和麻纳卡 Amerry
米色（21）25g
石南紫色（44）10g
草绿色（13）5g
灰绿色（37）5g
芥末黄色（3）3g
紫色（18）3g
薰衣草色（43）3g
滨紫草色（46）3g
＊工具
4根针组　6号、5号

＊编织密度（10cm×10cm面积内）
配色花样　24针　27行
＊成品尺寸
手掌周长20cm
＊编织方法
1. 基本起针（环形编织），按双罗纹针、配色花样（织片反面的渡线方法）将主体编织成环状，伏针收针。中途，拇指位置编入另线。
2. 解开拇指位置的另线之后挑针，按下针编织将拇指编织成环状，伏针收针。

右主体

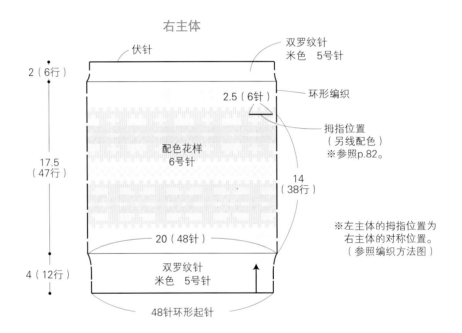

伏针

2（6行）

双罗纹针
米色　5号针

环形编织

2.5（6针）

拇指位置
（另线配色）
※参照p.82。

17.5（47行）

配色花样
6号针

14（38行）

20（48针）

※左主体的拇指位置为右主体的对称位置。
（参照编织方法图）

4（12行）

双罗纹针
米色　5号针

48针环形起针

拇指
下针编织
米色　6号针

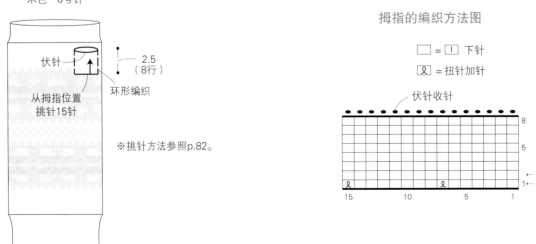

伏针

2.5（8行）

环形编织

从拇指位置
挑针15针

※挑针方法参照p.82。

拇指的编织方法图

□ = [I] 下针

[Ω] = 扭针加针

伏针收针

8

5

1

15　　10　　5　　1

主体的编织方法图

= □ 下针

= 米色（21）

= 石南紫色（44）

= 草绿色（13）

= 灰绿色（37）

= 芥末黄色（3）

= 紫色（18）

= 薰衣草色（43）

= 滨紫草色（46）

= 右手的拇指位置（编入另线）

= 左手的拇指位置（编入另线）

编织双罗纹针的同时伏针收针

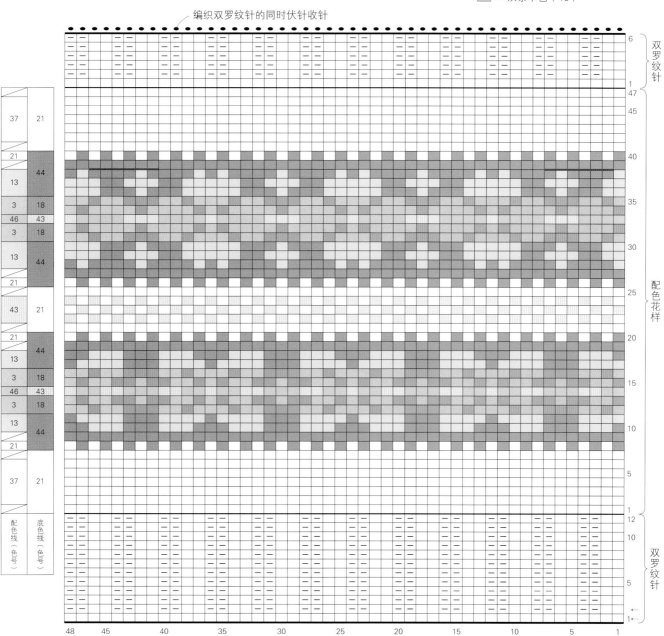

117页 D 叶片花样的围巾

*使用线
达摩手编线 Merino 中粗
珊瑚色 (23) 380g
*工具
带堵头的2根针组　6号
*编织密度 (10cm×10cm面积内)
编织花样　24.5针　29行
*成品尺寸
宽48cm　长152cm

*编织方法
基本起针,按起伏针、编织花样编织围巾,伏针收针。

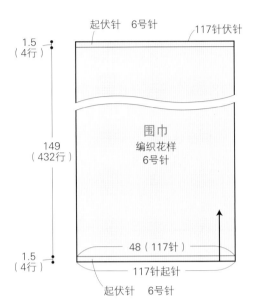

起伏针　6号针
117针伏针
1.5（4行）

围巾
编织花样
6号针

149（432行）

48（117针）
117针起针
起伏针　6号针
1.5（4行）

围巾的编织方法图

□ = |　下针

伏针收针

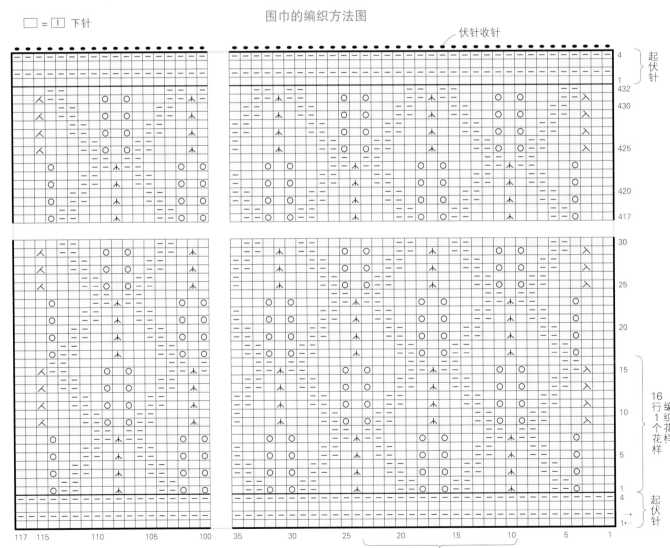

起伏针

432
430
425
420
417

30
25
20
15
10
5
1

16行编织1个花样

起伏针

4
1
4
1

117 115　110　105　100　　35　30　25　20　15　10　5　1

编织花样 14针1个花样

◢18页 E-1 E-2 罗纹针编织的帽子

E-2

E-1

❋使用线

达摩手编线 Merino 中粗

–1 水蓝色（8）60g

　　原白色（1）15g

–2 软木色（4）75g

❋工具

根针组　7号

❋编织密度（10cm×10cm面积内）

双罗纹针　28针　29行

❋成品尺寸

头围40cm

织片具有伸缩性，方便佩戴。

＊编织方法

1. 基本起针（环形编织），按双罗纹针将帽子编织成环状，收口收针。

2. 仅E-2制作绒球，并缝接于帽顶。

☐ = ❘ 下针

E-1 的配色

☐ = 水蓝色

☐ = 原白色

※ E-2 使用单色编织。

帽子的编织方法图

※减针重复◎。

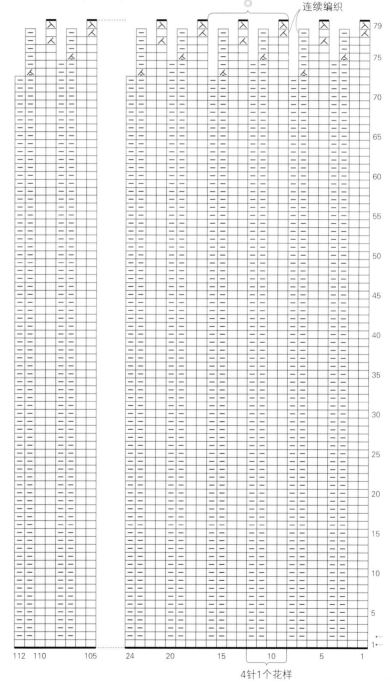

连续编织

4针1个花样

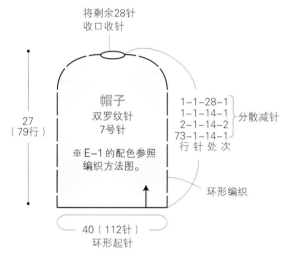

将剩余28针
收口收针

帽子
双罗纹针
7号针

※ E-1 的配色参照
编织方法图。

27
（79行）

40（112针）
环形起针

1-1-28-1
1-1-14-1
2-1-14-1
73-1-14-1
行 针 处 次　} 分散减针

环形编织

最后处理

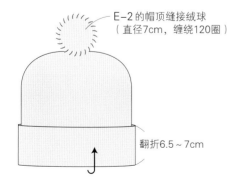

E-2的帽顶缝接绒球
（直径7cm，缠绕120圈）

翻折6.5～7cm

120页 G 麻花花样的背心

*使用线

和麻纳卡 Sonomono Alpaca Wool
灰色（44）365g

*工具

带堵头的2根针组　10号、7号

4根针组　7号

麻花针

钩针　8/0号（起针、肩部接合用）

*编织密度（10cm×10cm面积内）

下针编织　17.5针　21.5行

编织花样　24.5针　21.5行

*成品尺寸

胸围98cm　肩宽36cm　衣长56cm

*编织方法

1. 另线锁针起针，按下针编织、编织花样编织后身片、前身片。
2. 将起针的锁针解开之后挑针，按单罗纹针编织下摆，单罗纹针收针。
3. 盖针接合肩部，挑针缝合胁部。
4. 分别按单罗纹针将衣领、袖窿编织成环状，单罗纹针收针。

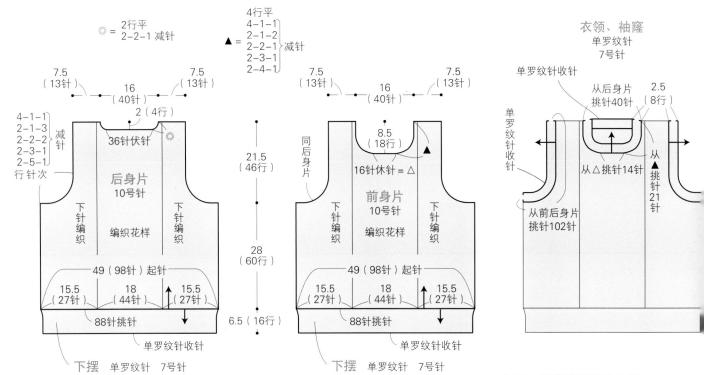

衣领、袖窿
单罗纹针
7号针

衣领、袖窿的编织方法图

2针1个花样

□ = [I] 下针

后领窝的编织方法图

※领窝以外同前身片。

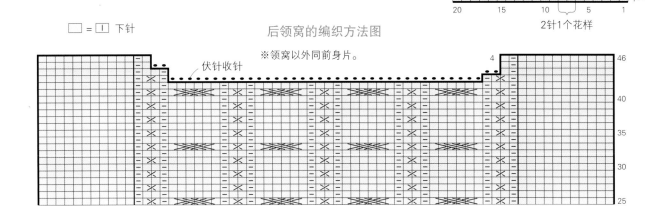

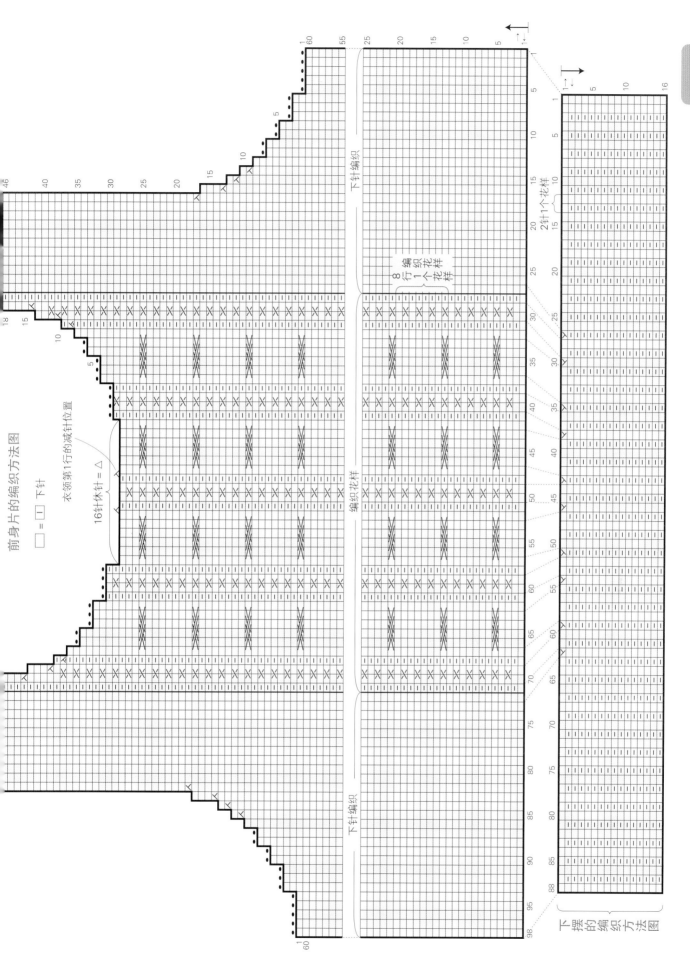

前身片的编织方法图

□ = □ 下针

衣领第1行的减针位置

16针休针 = △

下针编织

编织花样

8 编
行 织
1 1
个个
花 花
样 样

下针编织

下针编织

2针1个花样

2针1个花样

下摆的编织方法图

121页 H 根西花样的背心

＊使用线

和麻纳卡 Aran Tweed
深蓝色（16）305g

＊用具

带堵头的2根针组 8号、7号
钩针 8/0号（肩部接合、伏针收针用）

＊编织密度

下针编织（10cm×10cm面积内） 17针 24.5行
编织花样A 17针=10cm 19行=7cm
编织花样B、D 17针=10cm 21行=8cm
编织花样C 17针=10cm 20行=7cm

＊成品尺寸

胸围112cm 衣长54cm 连肩袖长28cm

＊编织方法

1. 基本起针，按单罗纹针、下针编织、编织花样
   A~D、起伏针，编织后身片、前身片。
2. 引拔接合肩部，接着伏针收针领窝的休针。
3. 挑针缝合胁部。

后身片、前身片（各1片）
※非指定部位均用8号针编织。

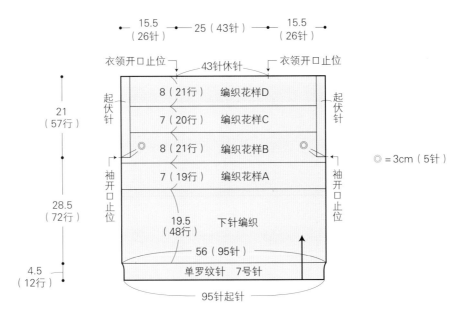

◎ = 3cm（5针）

收尾处理

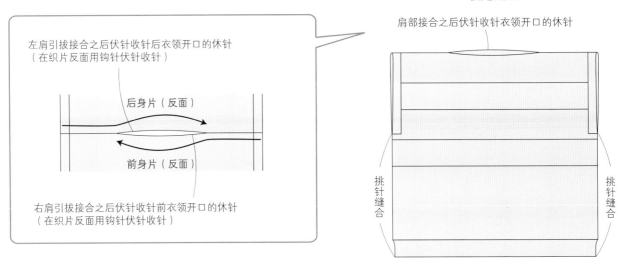

后身片、前身片的编织方法图

□ = 王 下针

肩部引拔接合之后在反面伏针收针

衣领开口止位

衣领开口止位

编织花样C、D
6针1个花样

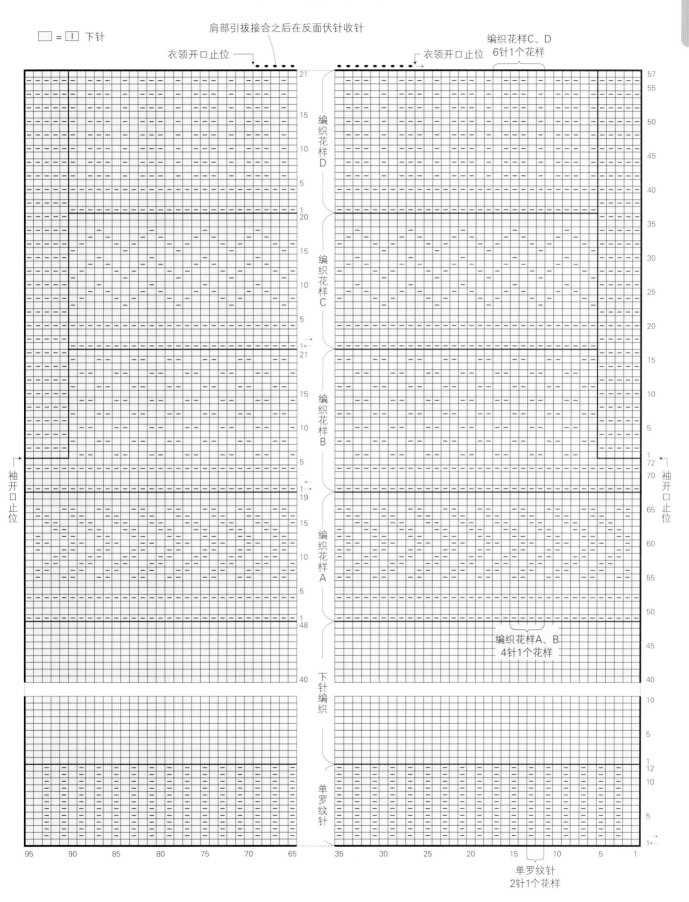

编织花样D

编织花样C

编织花样B

袖开口止位

编织花样A

下针编织

编织花样A、B
4针1个花样

单罗纹针

单罗纹针
2针1个花样

119页 F 阿兰花样的围巾

＊使用线

达摩手编线 Merino 极粗
原白色 (301) 145g
芥末黄色 (311) 45g

＊工具

带堵头的2根针组　10号
麻花针

＊编织密度

编织花样　47针=18cm　22.5行=10cm

＊成品尺寸

宽18cm　长130cm

＊编织方法

基本起针,按编织花样编织围巾,伏针收针。

围巾的编织方法图

最终行的下针部分编织下针,上针部分
编织上针,扭针部分编织扭针,同时
针收针

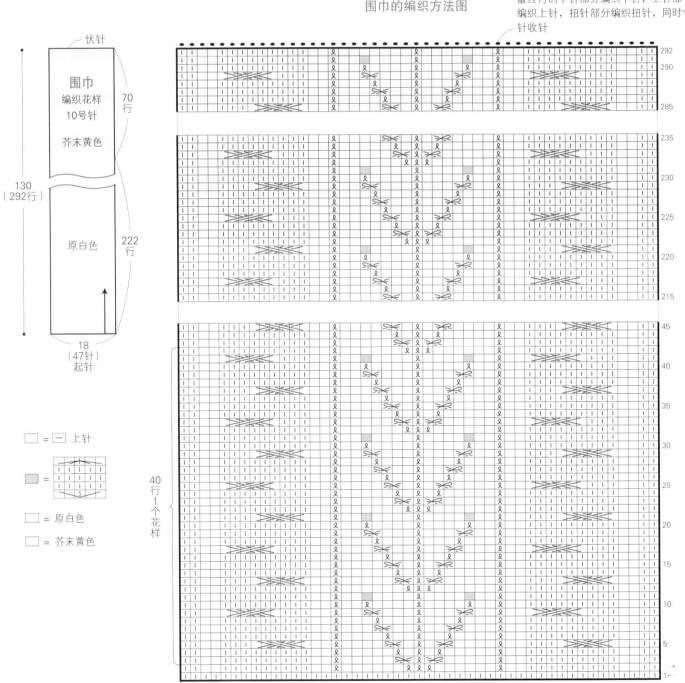

伏针

围巾
编织花样
10号针
芥末黄色

70行

222行

130
(292行)

原白色

18
(47针)
起针

□ = 一 上针

□ = 原白色

□ = 芥末黄色

40行1个花样

第6章 编织符号

本章中，通过图解对常用的编织符号进行说明。

编织方法图中，汇集了各种编织符号。

掌握了编织符号，就能挑战更复杂的编织花样。

│ 下针

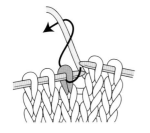

1 将线放到外侧，从内向外插入右棒针，如箭头所示转动挂线。

2 如箭头所示，将挂于右棒针的线拉出。

3 使用拉出的线，在右棒针形成新线圈。

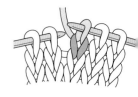

4 将挂于左棒针的针目从棒针上松开。下针完成。

── 上针

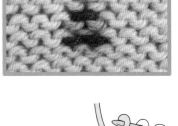

1 将线放到内侧，从外向内插入右棒针，如箭头所示转动挂线。

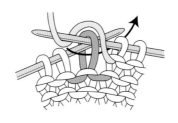

2 如箭头所示，将挂于右棒针的线拉出。

3 使用拉出的线，在右棒针形成新线圈。

4 将挂于左棒针的针目从棒针上松开。上针完成。

插入棒针的针目（上一行针目）用粉色线表示，刚编好的针目用水蓝色线表示。
※也有例外。

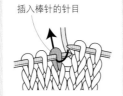

插入棒针的针目

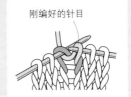

刚编好的针目

刚编好的针目

插入棒针的针目

人 左上2针并1针

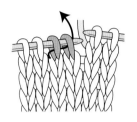 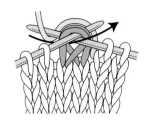 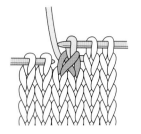

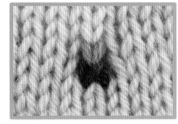

1　如箭头所示，将右棒针从左侧一并插入左棒针的2针中。

2　挂线于右棒针，如箭头所示拉出，2针并1针编织下针。

3　左侧针目重合于上方的左上2针并1针完成。

人 左上2针并1针（上针）

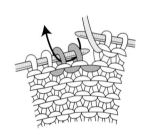 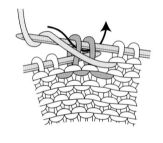 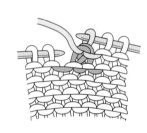

1　如箭头所示，将右棒针一并插入左棒针的2针中。

2　挂线于右棒针，如箭头所示拉出，2针并1针编织上针。

3　左侧针目重合于上方的左上2针并1针（上针）完成。

花样的表现方式

如按编织方法图的符号编织，实际在其下方1行呈现符号所示花样。计算行数时请注意。

【左上2针并1针】

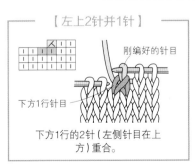

刚编好的针目

下方1行针目

下方1行的2针（左侧针目在上方）重合。

【扭针】

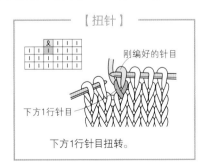

刚编好的针目

下方1行针目

下方1行针目扭转。

【左上2针交叉】

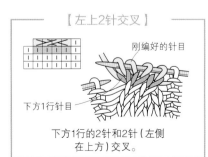

刚编好的针目

下方1行针目

下方1行的2针和2针（左侧在上方）交叉。

但是，挂针（参照p.146）、1针放3针的加针（参照p.146）、卷针（参照p.147）为例外，实际在编好的行加针。

右上2针并1针

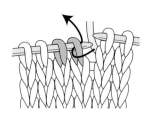

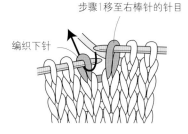

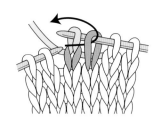

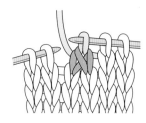

步骤1移至右棒针的针目

编织下针

1 如箭头所示，将右棒针插入左棒针的第1针，不编织移至右棒针。

2 如箭头所示，将右棒针插入下一个针目，编织下针。

3 将左棒针插入不编织移来的第1针中，盖住第2针之后从棒针上松开。

4 右侧针目重合于上方的右上2针并1针完成。

 右上2针并1针（上针）

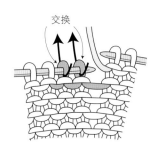

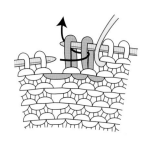

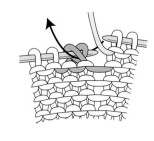

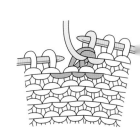

交换

1 交换左棒针的第1针和第2针的位置。如箭头所示，分别从内侧插入右棒针，不编织移至右棒针。

2 如箭头所示，将左棒针从右侧插入不编织移来的2针中，移回至左棒针。

3 第1针和第2针的位置已交换。如箭头所示插入右棒针，2针并1针编织上针。

4 右侧针目重合于上方的右上2针并1针（上针）完成。

 左上3针并1针

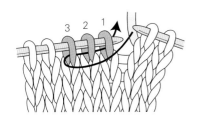

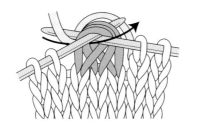

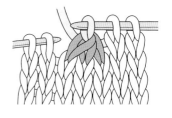

1 如箭头所示，将右棒针从左侧一并插入针目1、2、3中。

2 挂线于右棒针，如箭头所示拉出，3针并1针编织下针。

3 左侧针目重合于上方的左上3针并1针完成。

 左上3针并1针（上针）

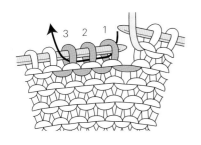

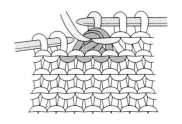

1 如箭头所示，将右棒针一并插入针目1、2、3中。

2 挂线于右棒针，如箭头所示拉出，3针并1针编织上针。

3 左侧针目重合于上方的左上3针并1针（上针）完成。

右上3针并1针

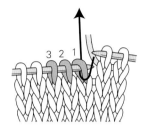 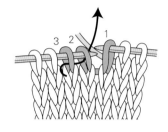 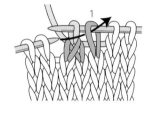

1 如箭头所示，将右棒针插入针目1中，不编织移至右棒针。

2 如箭头所示，将右棒针插入针目2和3中，左上2针并1针编织下针。

3 如箭头所示，将左棒针插入不编织移来的针目1中。

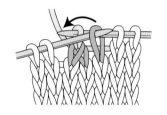 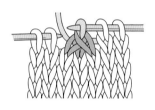

4 如箭头所示，用针目1盖住左上2针并1针编织的针目。

5 右侧针目重合于最上方的右上3针并1针完成。

 右上3针并1针（上针）

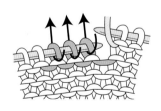 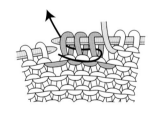 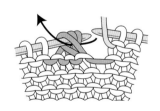 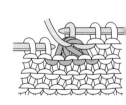

1 如箭头所示，分别从内侧插入右棒针，不编织移至右棒针。

2 如箭头所示，将左棒针从右侧插入不编织移来的3针中，移回至左棒针。

3 如箭头所示插入右棒针，3针并1针编织上针。

4 右侧针目重合于最上方的右上3针并1针（上针）完成。

中上3针并1针

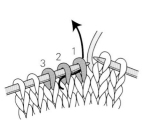

1 如箭头所示，将右棒针一并插入针目2、1，不编织移至右棒针。

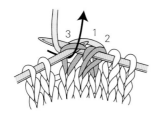

2 将右棒针插入针目3，编织下针。

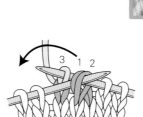

3 将左棒针插入不编织移来的针目1、2，如箭头所示盖住针目3。

4 中央针目重合于上方的中上3针并1针完成。

中上3针并1针（上针）

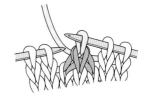

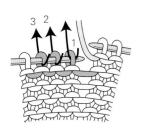

1 如箭头所示，将右棒针分别插入针目1~3，不编织移至右棒针。
※注意只有针目1的插入方向不同。

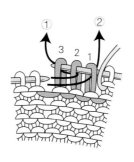

2 如箭头①所示，将左棒针插入针目2、3，移回针目。接着，如箭头②所示，将左棒针插入针目1，移回针目。

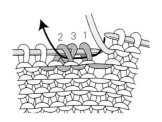

3 针目2、3的位置交换，按1、3、2的顺序将针目移回左棒针。如箭头所示，3针一并插入右棒针。

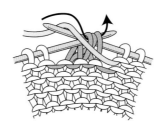

4 挂线于右棒针，如箭头所示拉出，3针并1针编织上针。

5 中央针目重合于上方的中上3针并1针（上针）完成。

 左加针

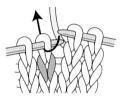

1 编织下针。

2 用左棒针挑起步骤1所编针目的下方2行的针目，如箭头所示插入右棒针，编织下针。

3 左加针完成。朝向左侧，增加1针。

 左加针（上针）

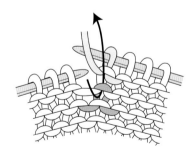 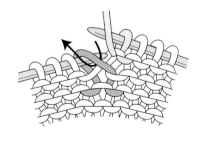 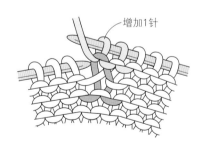

1 编织1针上针。接着，用左棒针挑起刚编好针目的下方2行的针目。

2 如箭头所示，将右棒针插入挑起的针目中，编织上针。

3 左加针（上针）完成。朝向左侧，增加1针。

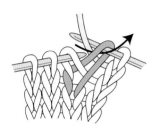 右加针

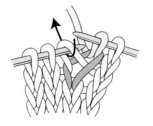

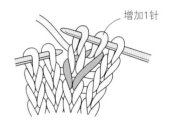

增加1针

1 用右棒针挑起左棒针的针目下方1行的针目，编织下针。

2 下针编织完成的状态。接着，按下针编织左棒针的针目。

3 右加针完成。朝向右侧，增加1针。

 右加针（上针）

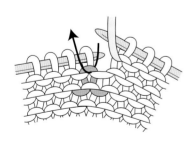

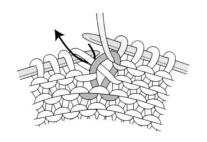

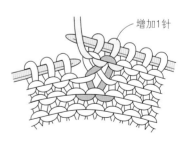

增加1针

1 用右棒针挑起左棒针的针目下方1行的针目，编织上针。

2 上针编织完成的状态。接着，按上针编织左棒针的针目。

3 右加针（上针）完成。朝向右侧，增加1针。

143

Ⴘ 扭针

"扭针"和"扭针加针"用相同符号表示。如果按编织方法图增加针目就是"扭针加针",未增加就是"扭针"。(上针的情况相同)

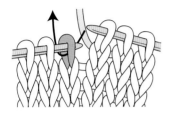

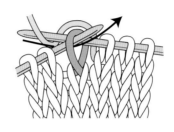

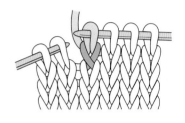

1 如箭头所示,从左棒针的针目外侧,插入右棒针。

2 挂线于右棒针,如箭头所示拉出,编织下针。

3 下针编织完成。扭针完成。上一行的针目扭转。

Ⴘ 扭针(上针)

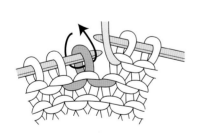

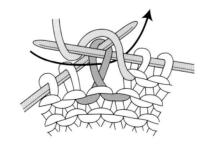

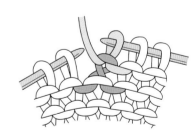

1 将线放到内侧,如箭头所示,从左棒针的针目外侧,插入右棒针。

2 挂线于右棒针,如箭头所示拉出,编织上针。

3 上针编织完成。扭针(上针)完成。上一行的针目扭转。

人 扭针加针

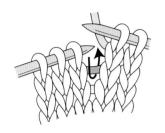 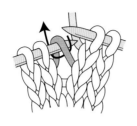 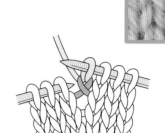

1 如箭头所示，用左棒针将横向渡于上一行针目和针目之间的线挑起。

2 如箭头所示，插入右棒针扭转已挑起的线，编织下针。

3 扭针加针完成。针目和针目之间增加1针。

人 扭针加针（上针）

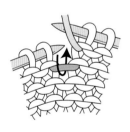 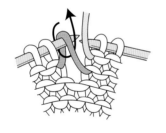 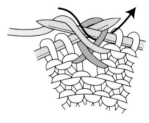

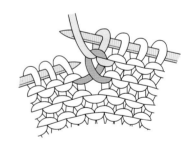

如箭头所示，用左棒针将横向渡于上一行针目和针目之间的线挑起。

2 如箭头所示，插入右棒针扭转已挑起的线。

3 挂线于右棒针，如箭头所示拉出，编织上针。

4 扭针加针（上针）完成。针目和针目之间增加1针。

衣服的胁部、袖下等两侧左右对称加针时，左右扭针方向相反（参照p.58、59）。

下针		上针	
左端	右端	左端	右端

挂针

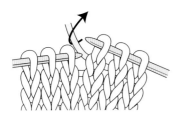

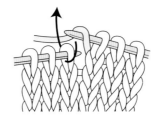

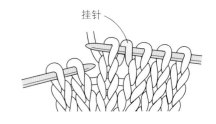

1　如箭头所示，使用右棒针从外侧挑起线。

2　挑起的线挂于右棒针，编织下一个针目。

3　下一个针目编织完成。针目和针目之间，挂于棒针的线就是挂针。

 1针放3针的加针

※ =

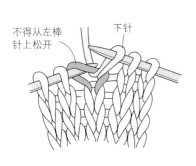

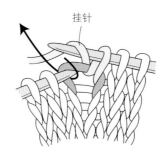

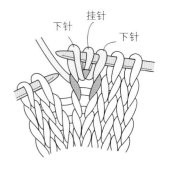

1　编织1针下针。此时，针目不得从左棒针上松开。

2　挂针，再次将右棒针插入步骤1相同针目，编织下针。

3　从左棒针上松开针目。在1针上编织了3针，1针增加至3针。

⋃ 卷针

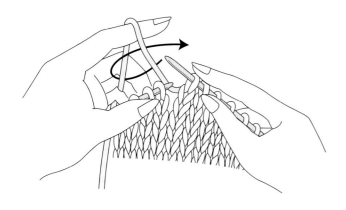

1 　如箭头所示，使用右棒针挑起挂于左手指的线，从
手指上松开线之后收紧。

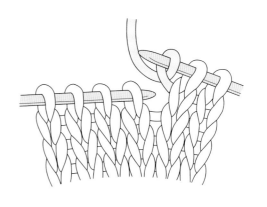

2 　卷针完成。缠绕于右棒针的线成为针目，
增加1针。

卷针应用

在织片侧边增加2针以上针目时，在行的编织终点侧重复卷针（参照p.63）。

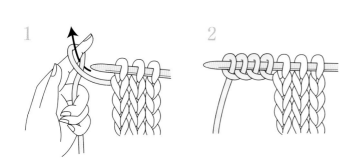

1

2

如箭头所示，挑起左侧边挂于左手的线，从手指上松开线之后
收紧，使缠绕于棒针的针目靠近织片。

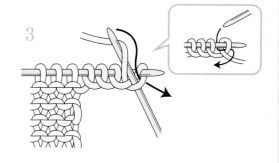

3

如图所示，编织下一行的第1针。

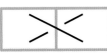 右上1针交叉

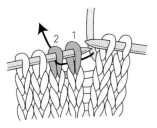

1 如箭头所示,将棒针从针目1的外侧插入针目2。

2 按下针编织已插入棒针的针目2。

3 按下针编织针目1。

4 左棒针上松开2针。右上1针交叉完成。

此处,通过不使用麻花针的方法进行说明。感觉难以编织时,可使用麻花针(参照p.149)。

 左上1针交叉

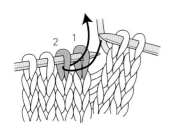

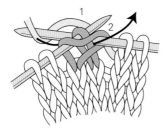

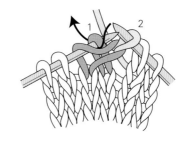

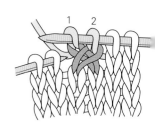

1 跳过针目1,如箭头所示,将棒针从内侧插入针目2。

2 按下针编织已插入棒针的针目2。

3 按下针编织针目1。

4 左棒针上松开2针。左上1针交叉完成。

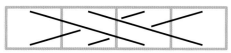 右上2针交叉

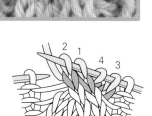

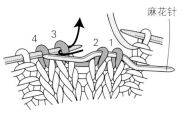

1 将针目1、2插入麻花针，休针于织片的内侧。

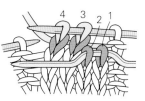

2 按下针编织针目3、4。

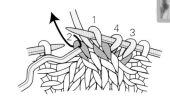

3 按下针依次编织休针于麻花针的针目1、2。

4 右上2针交叉完成。

麻花针难以编织时，将针目移回左棒针之后编织。

 左上2针交叉

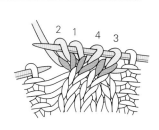

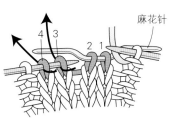

1 将针目1、2插入麻花针，休针于织片的外侧。

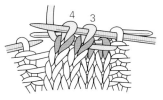

2 按下针编织针目3、4。

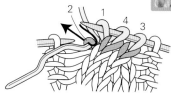

3 按下针依次编织休针于麻花针的针目1、2。

4 左上2针交叉完成。

交叉编织应用

交叉编织中，也有2针以上针目交叉的情况。并且，不限于每次交叉相同针数。
可以是1针和2针，也可以是一侧为上针，甚至是扭针，可应用于各种情况。
通过观察符号线的上下等，可理解该符号的编织方法。

【例①】

实线在上方的针目

横线表示按上针编织

将针目1、2插入麻花针，在内侧休针，先按上针编织针目3。接着，依次按下针编织已休针的针目1、2。

【例②】

按扭针编织上方针目

按上针编织下方针目

将针目1插入麻花针，在外侧休针，按扭针编织针目2。接着，按上针编织已休针的针目1。

穿过右侧1针交叉

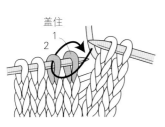

1 如箭头所示,将右棒针插入针目2,盖住针目1。

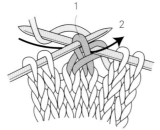

2 直接按下针编织针目2。

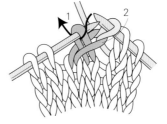

3 如箭头所示,将右棒针插入针目1,按下针编织。

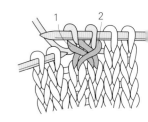

4 针目1穿入针目2中的穿过右侧1针交叉完成。

穿过左侧1针交叉

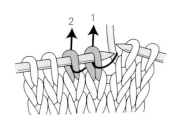

1 如箭头所示,将针目1、2不编织移至右棒针。

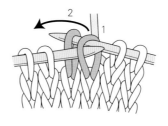

2 用左棒针将针目1盖住针目2,使针目1、2移回左棒针。

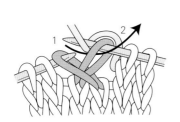

3 按下针编织针目2。

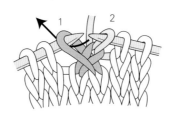

4 如箭头所示,将右棒针插入针目1,按下针编织。

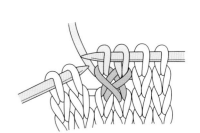

5 针目2穿入针目1中的穿过左侧1针交叉完成。

 穿过右侧2针的盖针

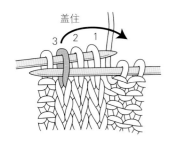

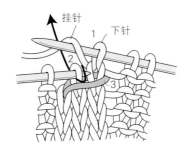

1 将右棒针插入针目3，如箭头所示盖住针目1、2后从棒针上松开这1针。

2 按下针编织针目1，挂针之后按下针编织针目2。

3 穿过右侧2针的盖针完成。

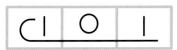 穿过左侧2针的盖针

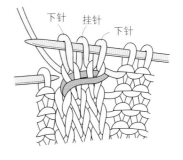

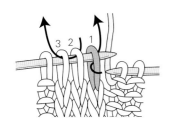

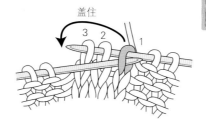

1 按编织下针的要领，如箭头所示将右棒针插入针目1，不编织移走针目。接着，按编织上针的要领，如箭头所示插入针目2、3，不编织移走针目。

2 将左棒针插入针目1，如箭头所示盖住针目2、3后从棒针上松开这1针。

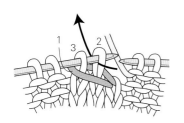

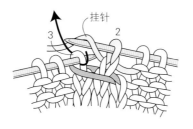

3 将针目2、3移回左棒针，按下针编织针目2。

4 挂针，按下针编织针目3。

5 穿过左侧2针的盖针完成。

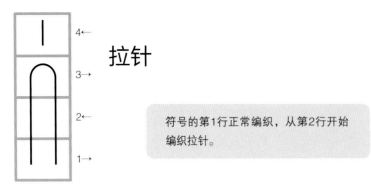

拉针

符号的第1行正常编织，从第2行开始编织拉针。

※按往返编织的情况进行说明。

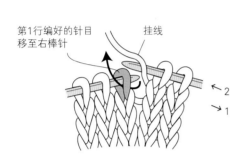

第1行编好的针目移至右棒针　　挂线

1　第1行编织上针（正面为下针）。第2行挂线于右棒针之后，将第1行的针目不编织移至右棒针。

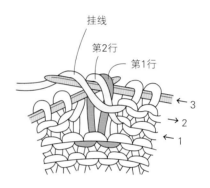

挂线
第2行
第1行

2　第3行将第1、2行的线不编织移至右棒针之后，挂线于右棒针。

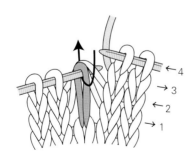

3　第4行将右棒针一并插入挂于左棒针的第1~3行的线中，编织下针。

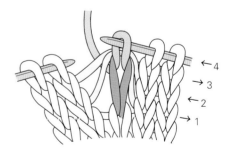

4　拉针完成。

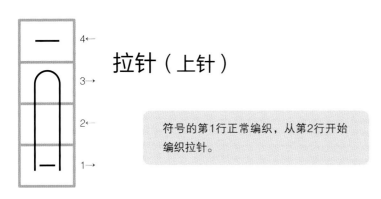

拉针（上针）

符号的第1行正常编织，从第2行开始
编织拉针。

※按往返编织的情况进行说明。

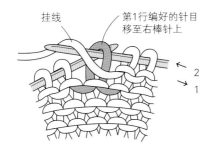

挂线　　第1行编好的针目
　　　　移至右棒针上

1 第1行编织下针（正面为上针）。第2
行将第1行的针目不编织移至右棒针之
后，挂线于右棒针。

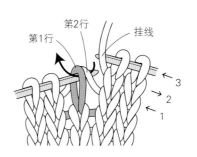

第1行　　第2行　　挂线

2 第3行挂线于右棒针之后，将挂于左棒
针的第1、2行的线不编织移至右棒针
上。

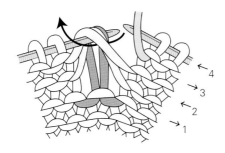

3 第4行将右棒针一并插入挂于左棒针的
第1~3行的线中，编织上针。

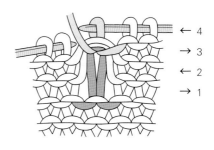

4 拉针（上针）完成。

滑针

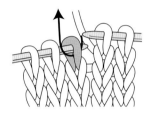

1 　如箭头所示插入右棒针，不编织移走针目。

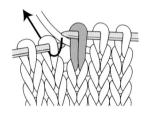

2 　将线渡于移来针目的外侧，编织下一个针目。

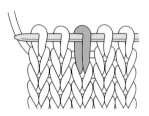

3 　滑针完成。线已渡于移来针目的外侧。

 浮针

滑针和浮针的差异在于渡线方法。线渡于针目外侧是滑针，渡于内侧是浮针。

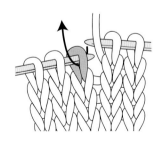

1 　将线放到内侧，如箭头所示插入右棒针，不编织移走针目。

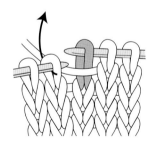

2 　从移来针目的内侧至外侧送出线，编织下一个针目。

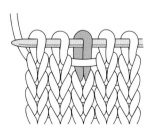

3 　浮针完成。线已渡于移来针目的内侧。

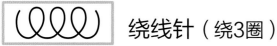 绕线针（绕3圈）

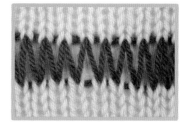

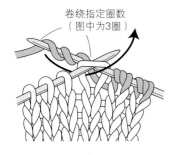

卷绕指定圈数
（图中为3圈）

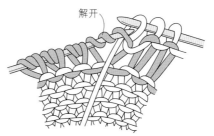

解开

1　将右棒针插入左棒针的针目中编织下针，线按指定圈数卷绕于棒针之后编织下针。（图中为卷绕3圈。）

2　编织下一行的同时，解开卷绕的线。此行编织完成之后，上下、左右转动棒针，调整针目。

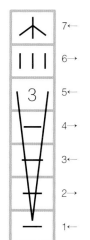

浆果针

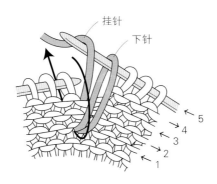

挂针

下针

1　第1~4行编织上针。第5行将右棒针插入下方4行（第1行），长拉线之后按下针、挂针、下针编织。

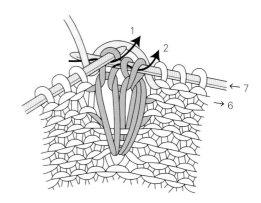

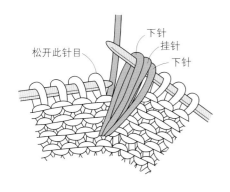

松开此针目

下针
挂针
下针

2　从左棒针上松开第4行的针目，解开至第1行。接着，从下一个针目开始，编织上针。

3　第6行按上针编织第5行的3针（正面为下针），第7行按中上3针并1针（参照p.141）编织这3针。

155

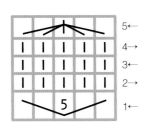

枣形针（5针5行）

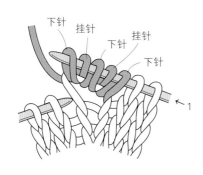

1　第1行从上一行的1针开始，交替编织下针和挂针，编织5针。

（参照p.146 ⌄3⌄）

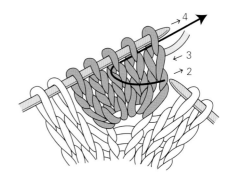

2　第2～4行只往返编织这5针，按下针编织。第5行如箭头所示将右棒针插入右侧3针，不编织移走针目。

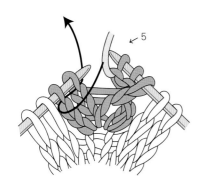

3　如箭头所示，将右棒针插入剩余的2针中，2针并1针编织。

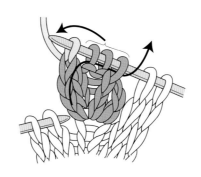

4　如箭头所示，将右棒针插入不编织移来的3针中，盖住2针并1针编织的针目。

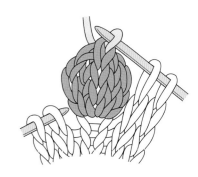

5　枣形针（5针5行）完成。

索引

索引列出了所有针法相关的词条以及其他重要词条。

Lady Boutique Series No. 4733 ICHIBAN WAKARU! ZUTTO TSUKAERU! SHIN·BO-BARIAMI NO KIHON: SHITTEOKITAI TECHNIQUE TO AMIMEKIGOU

Copyright © 2018 Boutique-sha, Inc.

All rights reserved.

Original Japanese edition published by Boutique-sha, Inc., Tokyo.

This Simplified Chinese language edition is published by arrangement with Boutique-sha, Inc., Tokyo in care of Tuttle-Mori Agency, Inc., Tokyo through Pace Agency Ltd., Jiangsu Province.

版权所有，翻印必究

备案号：豫著许可备字-2022-A-0094

图书在版编目（CIP）数据

超详解棒针编织基础 / 日本靓丽社编著；张艳辉译. —郑州：河南科学技术出版社，2023.11

ISBN 978-7-5725-1324-4

Ⅰ.①超… Ⅱ.①日… ②张… Ⅲ.①棒针-绒线-编织-图集 Ⅳ.①TS935.522-64

中国国家版本馆CIP数据核字(2023)第189190号

出版发行：河南科学技术出版社

　　　　　地址：郑州市郑东新区祥盛街27号　　邮编：450016

　　　　　电话：（0371）65737028　　65788613

　　　　　网址：www.hnstp.cn

策划编辑：余水秀

责任编辑：余水秀

责任校对：王晓红

封面设计：张　伟

责任印制：张艳芳

印　　刷：河南新达彩印有限公司

经　　销：全国新华书店

开　　本：889 mm×1 194 mm　1/16　印张：10　字数：300千字

版　　次：2023年11月第1版　　2023年11月第1次印刷

定　　价：59.00元

如发现印、装质量问题，影响阅读，请与出版社联系并调换。